U0939315

灯塔

A Light

女人想要什么

关于渴望、力量、爱与成长的对话

[英] 钟美凤 著
Maxine Mei-Fung Chung
刘勇军 译

CTS 湖南文艺出版社

图书在版编目（CIP）数据

女人想要什么：关于渴望、力量、爱与成长的对话 /（英）钟美凤著；刘勇军译. —长沙：湖南文艺出版社，2024.5

ISBN 978-7-5726-1721-8

Ⅰ. ①女… Ⅱ. ①钟… ②刘… Ⅲ. ①女性 – 成功心理 – 通俗读物 Ⅳ. ① B848.4-49

中国国家版本馆 CIP 数据核字（2024）第 070764 号

WHAT WOMEN WANT: CONVERSATIONS ON DESIRE, POWER, LOVE AND GROWTH
@Maxine Mei-Fung Chung 2023
Published by arrangement with Rachel Mills Literary Ltd.
through Andrew Nurnberg Associates International Limited

著作权合同登记号：图字 18-2023-176

NÜREN XIANGYAO SHENME
女人想要什么
GUANYU KEWANG LILIANG AI YU CHENGZHANG DE DUIHUA
关于渴望、力量、爱与成长的对话

著　　者：[英] 钟美凤
译　　者：刘勇军
出 版 人：陈新文
监　　制：谭菁菁
责任编辑：吕苗莉　李　颖
策　　划：李　颖
特约编辑：张　璐　田　俊
营销编辑：汤　屹
装帧设计：刘佳灿
封面插画：马语晴 @ 鳄梨不饿

出版发行：湖南文艺出版社
（长沙市雨花区东二环一段 508 号　邮编：410014）
网　　址：www. hnwy. net
印　　刷：长沙新湘诚印刷有限公司
经　　销：湖南省新华书店
开　　本：880mm × 1230mm　1/32
字　　数：220 千字
印　　张：10. 25
版　　次：2024 年 5 月第 1 版
印　　次：2024 年 5 月第 1 次印刷
书　　号：ISBN 978-7-5726-1721-8
定　　价：58. 00 元

谨以此书献给广大女性，

以及所有想要和渴望走自己的道路的边缘化群体。

我们从小就被灌输要害怕内心深处的“是”，害怕最深切的渴望。一旦释放了心中的期望，我们必然将采取行动，让生活符合自己的需要、认知和渴望。对内心深处的渴望怀有恐惧，让我们疑虑重重，让我们温顺、忠诚、服从，让我们安于将就，选择接受我们身为女性所受的诸多压迫。

——奥德丽·洛德《情色的运用：情色具力量》（1978 年）

目录

✦ 引言

追求我想走的道路

1980 年 5 月

我看到了想看的鱼，却也听到了那个词，*敏感*。

小时候，这两个字我听了无数遍。每次我掉眼泪，父亲总会这么念叨，而我哭鼻子是常事，只是不可预测，而且显然很是叫人难堪。我*太敏感了，根本活不长*，他总这么说，有时还会狠狠地给我一巴掌。我是父亲的第二个孩子，也是他的大女儿。和哥哥不同，我很喜欢唐人街餐馆里的亚洲美食。

我想看鱼，我满脸放光，伸手指了指。

父亲拉起我的一只手，把我带到餐厅中央一个巨大的家用鱼缸前，还招呼一个服务员和我们一起过去。我盯着万花筒般的鱼儿，瞧着它们那橘红色的尾巴摆动着，很快就忘记了还有人站在我和父亲身边。几秒钟后，我把视线从五彩斑斓的鱼儿身上抽离，回过神来，那个浑身烟味的高个儿服务员拍了拍我的肩膀。更有戏剧效果的是，他舔了舔笔，用被尼古丁熏黄的手指轻轻地翻着他那薄薄的点单簿。两个男人都凑过去，窃笑不止。

她要点躲在后面那条。多加大蒜，父亲微笑着指着其中一条鱼。接着，他爆发出大笑，笑声逐渐演变成咆哮。

恐惧顿时淹没了我。他是认真的吗？他们接下来是不是要惩罚我？难道我想看鱼，还看得沉迷其中，竟是一种罪，所以他们才这么心狠手辣？我小小的身体开始颤抖。

我吓得魂都飞了，并没有质疑他们的笑话。父亲曾大声而明确地表达过他的意思：我有什么愿望，除非这个愿望受他的控制，得到他的“允许”和保护，否则一定会遭到奚落，并且被扼杀。

那时候，“*想要*”就如同一个卡在我喉咙深处的幽灵，我不敢大声把它说出来。我想要的是挣脱束缚、爱和成长。我想要去渴望我自己的道路，这是我的坚持。

也许父亲时时强调*敏感*这个词，于我而言是一份厚礼。尽管在青春期末和 20 出头的时候，有那么一段时间，我变得不再敏感，但谢天谢地，我最终还是恢复了敏感的性格。很久以后，我认领了这个词，让它成为我的伙伴，从而做到独具慧眼。我拥有它，把它藏在我的身体里，深深参透它的含义。我现在才明白过来，正是小时候渴望受到了限制、支配和羞辱，我才能了解它有多重要。

这是《女人想要什么》对话背后的动力和灵感来源。在过去的 15 年里，我一直是一名心理治疗师，在工作和热爱的咨询室之外，我选择了一种实践方法，让我对公民生活和社会正义的热情占据了应有的位置。在此期间，我肩负着重要的任务，倾听、学习、教授和撰写心理治疗方面的材料，而对女人想要什么的关注一直是我研究的中心。

西格蒙德·弗洛伊德曾经说过：“我对女性灵魂进行了 30 年的研究，但有个疑难问题从未得到回答，我也回答不出来，这个问题就是：‘女人想要什么？’”

弗洛伊德的这种说法让我百思不得其解，当时的我还是一名在校学习的心理治疗师。为什么连精神分析学之父都答不出这个基本问题？这是一个谜。天才竟与我一样困惑。也许心理分析根本不是我想象的那样，而是侦探技艺之争，要像弗洛伊德那样把病人的人生故事硬套进简洁的理论。弗洛伊德和他那些古怪的维也纳弟子是不是知道一些我不知道的事情？他的问题虽然主要针对的是维多利亚时代的女性，但现在依然是个解不开的难题吗？在研究女性渴望领域打开的窗，是否依然叫我们迷惘？

自从得知了弗洛伊德的困惑，我仿佛打开了其他通往新世界的窗户，了解到了新的理论，对心理治疗有了全新的理解：每个病人都把自己独特的状况、本质和能量带到治疗中来。弗洛伊德身为男性，通过他带有异性恋主流价值观和白人特权的凝视进行分析，也许他那经典而疏远的方法不允许他进入女性的世界。怎么会这样？他究竟有没有倾听过？这种嘲讽也许会让你微微一笑，但实际上，当我们用与种族、民族、性取向、阶级和年龄相适应的耳朵倾听时，便可以听到女性的声音，听到她们表达自己的渴望。

女人并不神秘，我们的渴望和需求亦是如此。但是，我们的渴望极其复杂。我想更深入地了解的是，是什么让我们一直处于遭受否定、缺乏爱和始终心怀渴望的状态。

正如我在临床工作中看到的那样，女性的渴望一旦受到禁锢，就会导致羞耻感、抑郁、自残、自卑、情感饥饿和爱欲不振。作为一名治疗师，目睹这些渴望同样令人心碎和愤怒。

心怀渴望，就是要与自己和他人建立联系。它点燃希望，为欲望打开了绿灯，在黑暗和可怕的时刻开启了治愈之路，而在这样的时刻，我们会受到警告：*不要怀有渴望，那很危险*。问问你自己，如果你选择带着你的创造性的渴望生活，会发生什么？那会是什么感觉？它会改变什么？生活中多了哪些可能性？然后问问自己，你内心所恐惧的渴望，是否值得挑战？

《女人想要什么》是一本交叉探讨女性生活以及她们与欲望的关系的真实故事合集。如果下次你感觉自己的欲望像一座陌生的岛屿，那这本书就是一扇轻轻打开的窗，从中可以看到心理治疗师和病人之间的亲密关系，你会发现自己因为有了全新的认知而停顿下来。

《女人想要什么》是一封情书，写给七个我不能公布姓名的病人。书中所写都是真实的故事，但我做了一些修改，以保护主人公的身份不被泄露。对话并非一字不差，但精髓与我们共同分享的内容是一致的。每个病人都读过她们故事的草稿，也同意我发表，赞成我所做的伪装，有些人还提供了修改建议，我听取了这些建议，大多数情况下也都执行了。在某些情况下，我的病人认为我所做的伪装有些夸张，并鼓励我对她们的故事进行更精确的描述。有一个病人，我给她起名叫露丝，她的章节的标题就是她自己起的。另一位病人告诉我，她觉得读了她的故事后，她更了解我了，从此以后，在治疗期间，她愿意承担更大的风险。还有个病人对我小时候经历过的种族主义攻击感到不安。

在治疗中，我和书中出现的七位女性共同努力了无数个钟头，我之所以选择在书中写到这几位病人，依据是她们怀有的渴望强烈，她们的故事相互关联，以及她们寻求治疗的原因在她们身上根深蒂固。《午后之爱》这个故事讲述了一个病人相对较晚才找到真爱的故事，《我的父亲，那个浑蛋》则探讨了“父亲问题”在现代心理治疗中是否仍有一席之地。在《白噪声》中，我们讨论了结构性种族主义的问题，而这需要进行十万火急的社会心理治疗。

多年来，心理治疗既要兼顾缜密的思考，还要出于善意而保守秘密，因此而被边缘化了。虽然我感激并理解人们的担心，他们希望心理治疗不被歪曲或误解，但我认为，古老的禁忌不再适用，心理治疗能带来成长和改变，为社会创造更大、更有价值的利益。

我希望《女人想要什么》一书能够促进人们讨论女性及其渴望。我相信，敞开心扉，相互尊重和理解，就能得到最好的学习效果，但我同样清醒地认识到，我们并不总是以这样的坦率或信任来进行治疗。这需要时间，在《我的身体，由我掌控》中，你将了解到相关的情况。

本书收录的都是现代女性的故事。我做了很多的伪装。要是读者以为自己认识这七位女性，那肯定是错了，不过我倒是希望你能在这些故事中看到一些普遍存在的挣扎。“女人想要什么”是我们所有人都在不断探索的问题。开启这些对话的一个巨大好处是，它们超越了“女人想要什么？”这个问题，注意到了一个前提：女人都有渴望。

因此，一定要记住这一点，给自己时间去体验，让你的渴望引领你的道路，要明白渴望所带来的风险，让渴望成为你的答案，而不是你的问题。记住，当你有足够的自由彻底做自己的时候，就去牵起另一个女人的手吧，握紧，再按一按，邀请她加入你们深思熟虑的谈话，共享友谊和人生。只有通过交谈、倾听和相互联系，我们才能一起获得力量，摆脱父权的支配。

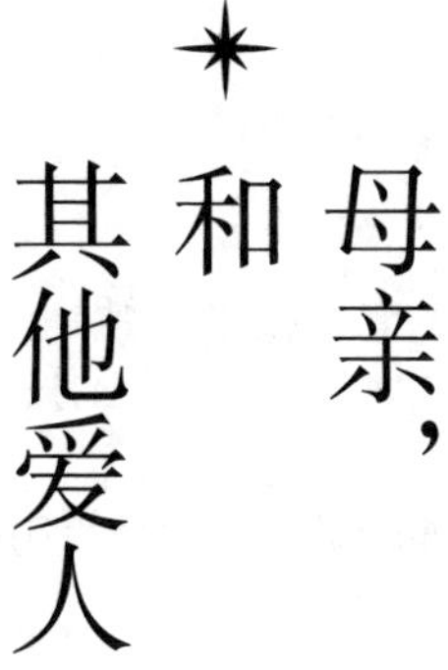

女人想要什么？

——欧内斯特·琼斯《西格蒙德·弗洛伊德的生平与作品》（1953 年）

琼斯在脚注中标明了德语原文：“Was will das Weib？”

我会告诉你我想要什么，诉说我发自内心的渴望

那么，告诉我你想要什么，诉说你发自内心的渴望

我想要，（哈）我想要，（哈）我想要，（哈）我想要，（哈）

我想要的是，真真正正想要的是

——辣妹组合《我想要》（1996 年）

这是一个活力四射的春日夜晚。她到了，穿着低腰牛仔裤和紧身背心，嘴唇轮廓分明，涂着李子色的唇膏。黑色胸罩的肩带露在外面——对此，特莉心知肚明，甚至由着它像罪恶一样滑落。一切皆随性，一切皆自在。

欲望在她心中燃烧，她大步走向光线昏暗的酒吧。在兴奋和自信之下，黑色肩带就这么垂着，而这，是她无忧无虑和自信的标志。她耐心地等着酒保把不加冰块的杰克丹尼威士忌端上来，然后，她一口喝下了那琥珀色的液体。

她那双修长的大腿隐藏在裤子之下，腿毛已经刮掉，涂了保湿霜，但对双腿之间炽热的私处，她用的则是热蜡脱毛，她珍视那个柔软的地方。那里需要更细致的清理，而不是在匆忙的淋浴中用刀片快速地刮去毛发。

之前她还犹豫不决，*牛仔裤还是裙装*？之所以选择前者，是因为今晚出来寻找刺激，她要打扮成高大、前卫，追求时髦的中性美。换作其他晚上，她可能会选择丝绸连衣裙和麂皮短靴，也许再配上苍白的嘴唇。但她上个礼拜已经这样装扮过了，今晚她感到一种冲动，迫切想要以更强硬、更坚毅的面目示人，*要像个假小子，少一点少女气质*。

她还摘下了手上的订婚戒指：那是一枚梨形钻石，三克拉重。她把它放在浴室的小水晶碗里，就在牙膏和剃刀旁边。摘下戒指的时候，她很努力让心里生起愧疚之情（要花费一小段时间才能成功），毕竟这是必不可少的环节，可她却对着镜子里的自己微笑。

特莉探身细看灯光昏暗的酒吧，注意到了一个女人。女人留着一头乌黑发亮的长发，长度及腰，披散着犹如鳗鱼一般，还有黝黑的肩膀和美丽的眼睛。她正和两个朋友聊天，都是女人，三人都在喝啤酒。淡色的瓶装啤酒。特莉留意到她爽朗地大笑着，把乌黑的头发别到挂满耳环的耳朵后面，她凝视的时间刚好让女人注意到她的目光。然后，微笑漾开。

上周，特莉在欲望的驱使下，结识了另一个短发女人，那个女人款款地走过来，说特莉让她想起了《好人寥寥》里年轻时的黛米·摩尔，只不过特莉的头发是红的。特莉面露喜色，说，我觉得黛米·摩尔很漂亮，说完，便将热切的目光投向地板。一个小时后，她们两个在一家俱乐部里跳舞，将龙舌兰酒一口喝下。亲吻里夹杂着酸橙的味道。终于，她们一起躺在床上，大笑着，肢体交缠，嬉闹不止。特莉很喜欢她们纠缠在一起的肢体，也很喜欢第二天早上自己身体松弛的感觉。但这种感觉被打断了，被偷走了。因为理查德周末参加完朋友的单身派对后就要回来了，她计划中午和他一起吃早午餐，讨论一下婚礼计划——他们的婚礼计划。

理查德感觉到她有些出神，目光并不在他们的煎蛋和水煮蛋上，他把这归结为神经紧张和轻微的歇斯底里。特莉觉得他正一点点变得自满和自命不凡。她把手伸到桌下，把手掌夹在两腿之间，满足感油然而生。前一天晚上的情形依然历历在目，还在鲜活跳动，为她所需要，就像一剂兴奋剂。你昨晚干什么去了？他问道。没干什么，特莉撒了谎。下班后喝了一杯，十点就到家了。然后，她甩出一抹微笑，喝一小口鲜榨果汁。

特莉不是每每都能把撒谎不当回事。她一般只在理查德出差时才撒谎。理查德比她大 18 岁，他们交往了四年，订婚已有两年。理查德善良可靠，出身高贵，还很富有。曾经的他非常性感，她也没发现他有什么怪癖。他是一名摄影师，商业摄影师，平庸，却总觉得郁郁不得志。

特莉爱理查德。

✦

早上七点，特莉来接受治疗。

我简直坏透了，无药可救了，她说这话时，屁股甚至还没挨到椅子。告诉我该怎么做。

我要她先别说话，把呼吸放缓，在椅子上坐好。发生了什么事？

她的目光从红色的齐刘海下向我投过来。她皮肤苍白，眼神疲倦，是为前一晚的狂欢付出的代价，脸颊因压力过大而凹陷。现在时间还早，而特莉昨晚过得就像一道新鲜的伤口，不可避免，而且未经处理。

我又这么做了，她坦白道，声音有些颤抖。我控制不住自己。

作为一名从业近 20 年的心理治疗师，我亲眼见证了一点：在私人关系中，撒谎存在风险，甚至非常危险，但这种情况并不少见。也许是为了更轻松地生活，也许是为了挽回面子，我们可能会原谅善意的谎言，但若有人为了某种目的而撒谎，大多数人会感到不安。谎言湮灭感情，有损生活。谎言抓挠心灵，割裂两人之间编织起来的信任安全网。在观察病人的谎言时，治疗师就如同走在一条难行的钢索上，但病人对自己说谎，说完后还予以否认，则像是走在一条绷得更紧的钢索上。这类谎言会让病人从更高的地方滑落下来。我认为特莉的安全网正在瓦解，钢索也在松动。我感觉她马上就要坠落，对此非常担心。

特莉谈到了她的欲望，她说，昨晚当她摘下订婚戒指时，那欲望便注入了她的身体，而对理查德的感情和依恋都消失得无影无踪。可再过不到六个月，她就要嫁给理查德了。她不明白自己最近为什么会与几个完全陌生的人发生性关系。两个以上，但不到六个。这些人都是她在城里不同的酒吧结识的，还都是女人。*我很害怕*，她说，*一想到结婚，我就觉得透不过气。*

我在椅子上身体前倾。*上周我们谈到过这个话题*，我道，*你很担心，因为你相信随着时间的推移，浪漫将注定会消逝。你说过，把爱和欲望混在一起，极为危险。*

特莉盯着自己的脚，*我的看法没变*，她轻声说。

特莉的出轨，不是第一次成为治疗的话题。这个话题出现的次数逐渐增多，几乎成了必谈的一点，而这着实令人不安。对她那逐渐明朗的恐惧，我感到自己的心里涌起了一阵同情。

她告诉我理查德有急事搭乘航班飞走了，要去拍一支面霜广告。接着，她与一个女人、那女人的两个朋友在酒吧里过了一晚，朋友们在 11 点左右离开，只剩下特莉和那个女人。她还透露，那晚她们一起去了她位于切尔西的住处，她感觉自己充满了活力。克莱尔温柔而迷人。她温柔的抚摸和灼热的红唇是那样鲜活而诱人。今天早上特莉走的时候，克莱尔问她有没有女朋友或妻子。没有，特莉回答。她很高兴自己至少这一次说了真话。

克莱尔吻了吻特莉的唇，递给她一个写在牛皮纸袋背面的手机号码。袋子是用来装杏仁牛角面包的，她们就着咖啡一起吃掉了。而在来我办公室的路上，特莉闻着袋子依然散发出的杏仁糖的甜味。六个月后，特莉很想吞下一罐药丸，所幸她甩脱了自杀的黑暗念头，躲过了一劫。于是我问她是不是想到了这欢愉的时刻、她和克莱尔的关系，以及甜得发腻的杏仁酥糖的气味和味道。是否想到了克莱尔的唇印在她的唇上。也许吧，特莉耸耸肩这么回答，但说实话，那时的事我都记不清了。我希望记住我们之间发生过的事，但不知怎么回事，它消失了。就这么消失了。这会儿，特莉用手背蹭了蹭自己灰色的大眼睛。她的眼神里写着悲伤和恐惧，看起来泪眼蒙眬，透着疲惫。那对眼眸吸引我回应她。于是我这么做了。

你想帮助自己吗？我问。

是的——不。她把目光移开，泪水从眼里滑落。我完蛋了，她说。

规矩就是规矩。永远不要比病人更努力。治疗师的贸然介入，就是没有做到倾听。尽管如此，我发现自己还是屈服了。

也许确实是完蛋了，我说，但还没到无力回天的地步。

她向前倾身，身体充满了不自然的能量和决心。我爱理查德，她说。但我不想要他。我对他没有欲望。

你以前想要他，渴望过他吗？我问。

也许吧，开始的时候的确是。那时候我们还年轻。他经常要出差工作，因此，任谁见了都会觉得我们热恋着彼此。可热情突然就消失了。忽然之间，我觉得他成了个老头子。

特莉注视着我，发出无声的询问，而我则思考着她那匮乏的热情，在心里加以盘算：衰老加上缺乏热情，等于无休止地与许多女人发生性行为，还可能制造出一个落跑新娘。

他们是四年前在伦敦西区的一家美术馆邂逅的。那是一场很有挑战性的展览，展出的都是接受过整容手术的人的肖像。特莉注视着那些巨大的单色照片，画面采用鱼眼镜头来捕捉那些触目惊心的面孔：皮肤上用黑笔画出的痕迹、淤伤和细小的疤痕。她渴望用指尖抚摸这些肖像，希望照片里的人更乐于接受他们与生俱来的样貌。第二天早上，当特莉来治疗时，她想知道他们每个人都被强行灌输了什么样的信息、主义，或受到了怎样的不公。

是画廊馆长乔尔介绍他们两个认识的。你们俩肯定认识吧？特莉在布拉兹制片厂的制作部工作。你不是也在那里试拍过，理查德？

理查德曾在布拉兹制片厂工作过，但那是很久以前的事了，那时候特莉尚未做制片人去制作一系列很火爆的纪实纪录片。特莉和理查德握了握手。两小时后，他们在浴室里做爱。理查德咧着嘴笑，解开了特莉的衬衫，让二人的身体摆出特别的姿势，还用一只手托住她的下巴，保护她不蹭到冰冷的陶瓷水池。一切结束得太快了，特莉想，调整了一下自己的身体，重新扣上了衬衫的扣子。然后，他们步行去了唐人街吃饺子。

特莉带着强烈的欲望和热情开始了这段关系，却很快发现自己越发兴致寥寥。她称他们的关系为“舒适情侣”，说完还翻了个白眼。没过多久，二人共度的周末就只剩下看电视，吃外卖，喝中档葡萄酒，外加做足底按摩。本来他们还会煲电话粥调情，可渐渐连这也变得敷衍了事，只是偶尔闪现一丝危险的意味。绰号也都叫惯了：**特兹，酒窝**。特莉怀念以前那充满刺激、热情和不可预测的感觉。她说，她渴望那段时光能再现。但她也想知道，鉴于她对女人的吸引力，自己是否依然想要和理查德共度。在我看来，特莉把性当成了慰藉或抗抑郁药，用其他女人投注在她身上的渴望所带来的刺激，暂时填满她的空虚和失落。如果特莉的自我治疗是为了否认自己是同性恋的现实，她能坚持多久，又要付出什么代价？一种紧迫感开始在我心里涌起，我很担心她将妥协，深陷在矛盾的生活中。

最近，在和理查德做爱时，特莉的脑海里开始浮现出各种幻想。她想象一个个半裸的女人，好斗又柔情似水，漫无目的地在彼此身上爬来爬去。为了达到高潮，她会闭上眼睛，回想的画面演变到最后，都是一个女人紧紧抱着她。承认这一点后，她哭了。她也开始探究一个问题：她的母亲是一个功能性酒鬼，而她想从情人身上得到的东西，有多少是源自她对母亲的需要。这些痛苦的领悟使她摇摆不定，于是她摇摇晃晃地走进酒吧，去寻找女人，寻找答案，寻找爱。那种母亲过去和现在都无法给她的爱。

忽然之间，我觉得他成了个老头子，特莉重复道，我怀疑她是不是感觉到我的注意力不在她身上了。她的感觉是对的。治疗师的注意力分散和内心反思，往往是明智的提醒，让病人知道他们并非独自来接受治疗。他们走进诊室，还随身携带着一幅人际关系的蓝图。那是一个由家人、朋友、熟人、敌人和爱人组成的世界，有过往，也有当下。

老头子？我说着，想起了理查德。再展开讲讲？

他给我的感觉是……，她说着停顿了一下，……真的很老，很疏远。我们想要的东西并不一样。就好像我们生活在完全不同的岛屿上。

那你的岛在哪儿？

在那边，她伸手一指，而且很奇怪，她说着笑了笑。特莉凝视着她所指的凸窗，目光飘忽不定，落在海上。

我等待着，感觉到特莉需要空间来回忆、忘记，或者仅仅是做个白日梦。她需要一点时间去反思，去感知她刚才说的话。

你在想什么？我终于问道。

我在想丽贝卡，小贝，她柔声说。你还记得她吧？

是的，你经常提到丽贝卡，我回答。你想象你的岛，然后丽贝卡就出现了？你刚才就是在想这些吗，特莉？

特莉点点头。当初遇到丽贝卡的时候，我为什么就不能接受事实呢？为什么过了这么久，我才承认自己更喜欢女人的陪伴和抚摸？

接下来是一阵沉默。

我回想起，在特莉来接受治疗的10个月里，她时常提起她渴望母亲的爱，渴望与母亲见面，渴望被母亲需要。母亲的诱哄、控制和威胁，都是为了让她否定来自其他女人的爱和触摸。有时候，她会卑鄙地掌掴特莉。当一个女人得不到母亲的疼爱，她会变成什么样子？当她的欲望被扼杀，或被人无视，当她被告知自己的人生是个错误，她又会变成什么样子？

嗯……我说，停顿了一下，以增加效果。你和母亲的问题很复杂。

于是我和特莉都陷入了回忆中。

那是九月一个闷热的夜晚。地上搭起了一顶帐篷。特莉的母亲在招待客人：来客是一群热辣的单身女人和大都已婚的男人。她最近交的男朋友叫里克，没有老婆，从事销售工作。里克经常出差，往来于各条高速公路兜售空调设备，吃的是装在一次性塑料杯子里的微波炉加热快餐。特莉看见母亲伸出手，用指尖划过里克的手臂，同时咕嘟咕嘟地喝下了第三杯廉价葡萄酒。她注意到母亲摇摇晃晃，身上穿着以前可能穿过的连衣裙。

他是一个值得珍惜的人，特莉的母亲含含糊糊地说，所以你客气点。要和丽贝卡好好相处。

我不是小孩了，特莉啐道。还有，你又喝醉了。

丽贝卡是里克的女儿。留着红色的头发，戴着金耳环，一脸雀斑。腰肢很细。她躺在帐篷旁的草地上，随手扯下了几十朵雏菊，她还检查自己的指甲，好像它们会掉下来似的，她的手上贴着法式美甲，甲片是丙烯酸树脂材质，方形的。

去跟她聊聊，特莉的母亲说着手腕一甩，好像在赶狗似的。

她很乐意和你说话，亲爱的，里克补充道，他酒杯里的酒在晃动。

特莉气哼哼地走向丽贝卡，问她要不要喝一杯。

有伏特加吗？丽贝卡说。

你多大了？特莉问。

16，怎么了？

我也是。你爸让你喝酒？

夜色渐深，特莉和丽贝卡（小贝）玩得很开心，取笑那些好奇而体贴的男人。紧身连衣裙贴合身体，宽松的带子随意地从肩上滑落。二人时而露齿一笑，时而露一下大腿。男人们在一旁看着，试图掩饰心里的激动，然后走近一些，问起她们学校的情况。学校挺好的，她们齐声说，说完还咯咯地笑，带着明显的厌恶盯着那些男人，末了还在自己的塑料杯里倒满酒。你们两个都很漂亮，一个男人说。他长着小兽般的牙齿，穿着宽大的夏威夷衬衫，满头蓬松的银发如同一团乌云。不知什么时候，特莉和丽贝卡逃出了花园，顺着软梯爬上了特莉的卧室。有那么一两个钟头，她们一起打 Xbox[1]，交换涂对方的唇彩，一面喝酒一面随着贾斯汀·汀布莱克[2]的歌跳舞。外面，陈旧的音响里播放着菲尔·柯林斯和克里斯·雷亚[3]的歌。那是老年人的音乐。老人就喜欢这种垃圾，丽贝卡嘲笑道。

特莉从窗口探出身子，看到里克的手探进了母亲的裙子下面，她连忙向后一缩，又让丽贝卡把剩下的伏特加递过来，免得她也看到那一幕。她想，没有必要让她们两个都难过。

至于其余的一切，都洋溢着愉快的氛围，酒精让一切都变得模糊。

早晨，一声尖叫划破空气，特莉被人猛地一拉。她盯着歪歪扭扭放在地板上的黑色蕾丝内衣。胳膊被人用力地拉扯，她疼得号叫起来。丽贝卡，起来，马上！你对我女儿做了什么?！小贝试着用棉布床单裹住自己的身体。两个女孩都赤身裸体，在母亲女妖般愤怒的目光下吓得直哆嗦，只能求饶。特莉看着母亲的拳头一开一合，最后她终于有所缓和，只是给了自己的女儿一记耳光。

---

1 一款家用电视游戏机。——译者注

2 美国著名歌手。——译者注

3 二人均为英国歌手。——译者注

你真恶心，母亲尖叫道。*滚出去！*

✦

羞耻。这是我和特莉经常谈到的话题。她经常一遍又一遍地问我同样的问题：*羞耻的反义词是什么*？每次我都停顿一下才开口：*被爱*。

我提醒她，这个问题她问过我很多很多次了。但是今天她不记得自己有没有问过，甚至不记得自己有没有想过这个问题。

她把手伸进包里，拿出熟悉的红色笔记本和钢笔，这是她在治疗中使用的。到目前为止，她的记忆一直很模糊，断断续续，而且经常出错。我在临床监督中反思了这一点，看得出来，她很难消化和记住我们的谈话。你还忘了什么，特莉？还有什么事太痛苦，让你不愿记起？

很多时候，为了保护自己，人会否定、忽视、怀疑和剥离一些顽固的记忆，将那些太痛苦而不愿去感受的过往掩藏起来。治疗师的任务在于创造一个安全的基础，让悲伤的回忆可以暂时恢复。这需要特别的关注和协谐。因为在尝试的过程中，人们会发现没有什么感觉是一成不变的，很可能会有更具挑战性的感觉随之而来。真相和现实回归，往往还伴随着热爱和关怀。

特莉舔舔手指，在红色小笔记本上翻过几页后，写下了两个字：*被爱*。我考虑该不该让她停下，看看以前是不是记过这两个字，组织语言让我痛苦。但我很快决定，还是找其他时间再进一步揭露前尘往事，进一步探究潜在的耻辱吧。

特莉小时候被骂恶心、废物。母亲醉酒后的话语往往更伤人，因为它们对她真实的自我反复捶打，使其逐渐消减，最终将其淹没。过去和现在皆是如此。它们试图动摇她的核心自我，让她感到羞耻，只因为她更喜欢女人的爱抚。一开始是一个叫丽贝卡（小贝）的女孩，后来是更多的年轻女性，多到无法一一列举。与她们的交往，无不成为可怕的秘密，因为她的母亲会与她断绝关系，把她赶出去，毁掉特莉拼命想要抓住的最后一点点自尊。特莉低声念叨过女同、拉拉这样的词[1]。它们无一不是出自她母亲之口。我努力控制自己的神经，控制自己不因她所遭受的暴力和不公而愤怒。然而，我的怒火仍在炽热地燃烧，亲爱的特莉。

我很遗憾你失去了一个本该幸福美好的童年。你才十几岁而已，就要试图去理解自己的欲望，这一定让你非常煎熬。

她犹豫了一下，潮湿的眼睛扫视了一下房间，最后，她与我对视。我也很遗憾。

治疗结束后，特莉拨打了理查德的手机。我们得谈谈，她轻声说。

理查德感到不对劲，语气立即变得尖锐，他不情愿地问，你刚做完心理治疗吗？

她说是的，但那不是她要和他谈的原因，是别的事，非常重要的事。他们说定下班后 8 点左右在家里吃晚饭。要我在回家的

1　原文使用了 dyke、lezza、lesbo、fucking queero，均是对女同性恋的侮辱性字眼。——译者注

路上买点什么吗?

不，特莉说，我来做晚饭。她觉得自己最起码还能为他做顿饭。

在这一天剩下的时间里，特莉过得恍恍惚惚。就好像她的灵魂已经游离在了她的身体之外。她拿出红色小笔记本，翻到写着“解离”的那一页，提醒自己发生了什么：解离是大脑应对过多压力的一种方式，在受到伤性事件的时候就会如此。这是一个心理过程，是从一个人的思想、感觉、记忆或认同感中分离出来的。

特莉让自己平静下来。泡一杯甜茶。脱下靴子，让身体准备好哭泣。今天办公室很安静，所以她任由眼泪倾泻，她喝了甜茶，穿着厚袜子的脚底死死抠着粗糙的地毯。后来她打电话给她最好的朋友柯丝蒂。柯丝蒂了解一切，知道特莉为什么整夜睡不着，为什么在过去的六个月，不再喝葡萄酒，而是改喝烈酒。我爱你，柯丝蒂说，你做得对。特莉微笑着结束了电话，感觉稍微好了一些。

八点半，特莉打电话给理查德。简单的韭葱鸡肉准备好了，就放在烤箱里。没有酒。只有气泡水，因为她需要保持头脑清醒，保持镇定。我还有五分钟就到，特兹，对不起，理查德喘着气说，地铁简直是人间地狱。

特莉感到胃口紧绷。放在烤箱里保温的食物的味道毫无帮助。她没有说，好吧，酒窝，因为那样会误导人，而且很残忍。相反，她只是回复说，好吧，待会儿见。我做了韭葱鸡。她也没说我爱你，因为这同样残忍。她回忆起他们第三次约会时，她对理查德说，我喜欢你的酒窝，性感极了。他咧嘴一笑，脸上的酒窝更加迷人和明显。我都不知道你会觉得我很性感，他喜笑颜开。他们俩都笑了。这段记忆让特莉一时间有些困惑不安。也许酒会有所帮助。

前门打开了。钥匙叮当作响。我回来了，他唱道。抱歉我迟到了，特兹。什么东西？太香了。理查德走进厨房时，特莉站在里面，脸上苍白而惊恐的表情一定让他很担心，理查德先吻了吻她的脸颊才坐下，他下班回家时经常这样做。

有些话真的很难启齿，她说。

怎么了，特莉？出什么事了？

我不能嫁给你。我想解除婚约。请原谅我。

又是早上七点。真是早起的鸟儿。特莉调整了一副厚厚的皮手套。隐形眼镜换成了大大的黑框眼镜。我知道她哭过后就会这样，因为眼皮生疼，无法触摸或拨弄。今天，从她的眼神，从她的步态，我可以清楚地看到一丝不同，那是一种燃烧的野性，这让我心中忐忑。你还好吗？我问。

她的目光飘向凸窗。素颜的她显得很平凡，年轻了许多，一点也不像 32 岁，她穿的灰色宽松长运动裤和配套的连帽衫散发出香皂的幽香。

不太好，特莉说。

这次治疗谈的内容并不多。她偶尔开口，用一两句话形容理查德有多伤心，有多困惑。他的愤怒需要发泄出来。韭葱鸡烤焦了。他们的婚礼计划泡汤了。我低垂着头，但双眼聚焦，让特莉知道我在这里。我在倾听。

当我在21世纪初刚开始从事心理治疗师的工作时，治疗期间出现的长时间的沉默会让我心神不宁。还是新手的我需要感受与病人的交流，用语言来掩饰自己作为一个初出茅庐而且不够优秀的治疗师有多焦虑。至少在我看来，行动往往代表效率。与此同时，病人听着听着，对话就能展开，建议也将提出，有时还会引申出*解释*（写到这里，我不禁皱起眉头）。那时候有一位治疗师，他不仅在我学习期间负责指导我，还对我进行了长达11年的治疗，他问我，沉默为什么让我不安。我的回答是，它让我想到了支离破碎的生活和孤独的感觉。他皱着眉头，低下了头。*能具体说说吗？*他鼓励道。我回想起曾几何时，我渴望通过相互尊重的谈话来建立联系，可在我小时候，为了让我说话，别人往往会提出令人害怕和具有挑战性的要求，他们叫我*不要一来就搞得餐桌边一片死气沉沉*。*逗我们开心开心*。*天哪，说点有趣的，不然就走开*。由于害怕被摧毁和挨饿，我反而要保持着心中的火焰和渴望。后来当我开始学习成为心理治疗师时，这种感觉重新出现了。

这些年来，我对沉默越来越适应，而这也许是因为我现在发自内心地接受生活中的孤独。至少对治疗而言，沉默为治疗师和患者都提供了宝贵的反思时间，并允许各种情绪浮现出来，否则，一味说些多余或无用的话，只会让这些感觉遭到否定。我已经开始将不停絮叨的时刻视为“语言壁垒”，它们让人无法亲近，不能建立联系。忙碌的治疗师会错过很多。

特莉在椅子上挪动了一下。我们已经有五分钟没说话了。

我想他，终于，特莉说，又在椅子上挪动了一下。我觉得自己像个孩子。就像有时候我需要妈妈，而她所做的，却并不符合我的渴望和需要。

她擦了擦泪湿的脸颊。不同的岛屿，她说。

对失去亲人的人来说，只有失去的人（在本故事中是特莉渴望至深的母亲）回来了，才能带来真正的安慰。我若做不到这个要求，那无论做什么，恐怕都与侮辱她无异。相反，我选择让她知道痛苦会过去，没有什么感觉是一成不变的，失去是一个过程，她不必独自承受。

我们必须携起手来，一同进入这个悲伤的过程，它必不可少，痛苦而复杂。

我认为，离开理查德之所以让我感到恐惧，是因为我渴望把事事都做得符合母亲的心意，她说。而我所渴望的，是完全不同的东西。我准备好了，却也害怕未来可能发生的一切。

掌握这个自省时刻，本身就很重要。渴望这样做，就是你送给自己的礼物，我说。

那现在怎么办？她问。

现在，我们一起努力。

✦

特莉忘了取消蛋糕。*忘记了很多事*，结果，就在她那无疾而终的婚礼的前一天晚上，一个巨大的屁股形蛋糕送到了她家。理查德本来想要香草海绵蛋糕加柠檬凝乳，但她说服了他改变主意，换成了红丝绒蛋糕，这是她和柯丝蒂的最爱。蛋糕送来的时候，特莉突然感到心中大受激荡。它纯粹的美刺痛了她的眼睛，在她嘴里留下了可怕的味道。她独自一人，时钟软绵绵的嘀嗒声突然变得非常响亮，非常骇人。她渴望有人陪伴，渴望安全感，于是便打电话给柯丝蒂。*你来吧*，她恳求道，*蛋糕来了*。*你得帮我吃*。

有一个重要的梦反复出现，在理查德不在的时候，到了狂躁的夜晚，特莉就会做这个梦。梦中的画面会在好几天里萦绕不去。它们明亮而清晰。在迷迷糊糊之间，她在梦中见到了母亲，也见到了自己小时候养的宠物兔子芭芭拉。

芭芭拉是特莉的父亲在决定放弃婚姻的那天送给她的礼物，小兔是白色的，两只耳朵耷拉着。他们买了一个雪松木做的兔笼，放在花园的尽头，周围长着蒲苇草，挂有一盏智利登山提灯，对面是一棵小苹果树。

在梦里，特莉记得自己看着父亲落荒而逃，心里害怕极了。他紧紧抓着一个棕褐色的塑料手提箱，她怀疑里面除了救济品什么都没有。他离开那年，特莉才 10 岁，直到她 18 岁生日前夕才再次见到他。在小树长高长大，结满了苹果所需的这些岁月里，一个女孩可能遇到很多事：摔断手肘，改变发型，探索性取向，赢得一场曲棍球比赛，脚踏车被偷，差点儿进警局，挨母亲巴掌，而且是很多很多次。

在梦里，他告诉特莉他要离开伦敦，和他的新朋友开始新生活。小兔子会陪着你的，他说。

我要叫她芭芭拉，她强忍着泪水说。特莉紧紧地抱住芭芭拉，把一根胡萝卜掰成两半，递到它不停抽搐的鼻子和嘴巴前。

父亲吻了吻她的头顶。你会没事的。

请不要离开我，她恳求道。

我也是身不由己，特莉，他温柔地说，总有一天你会明白的。

那就带我们一起走。我们不会给你添麻烦的，对吧，芭芭拉……我保证。

特莉在梦中知道，当他转身离开时，他哭了。怎么能不哭呢？但当他锁上汽车后备箱，转动钥匙发动引擎，他的泪水已经干了，于是特莉明白，她和芭芭拉已经被遗忘了。就像关掉了的废弃电视屏幕上褪色了的画面。

在梦里，特莉从离家不远的河岸边的茂密草地上拔下蒲公英叶子收集起来。她喜欢看芭芭拉用鼻子去蹭深绿色的根茎，抚摸小兔柔软可爱的耳朵能叫她倍感安慰。芭芭拉长大了，特莉每每把它抱起来，放在她用旧蔬菜箱和铁丝网搭成的围栏里，心里都荡漾着喜悦。有时她趁没人的时候把芭芭拉抱进卧室，用一件旧毛衣和一个褪了色的枕套把它包起来。特莉会小心翼翼地清理卧室地毯上一粒粒坚硬的兔子屎，不想给母亲更多的理由去恨她。

母亲不喜欢芭芭拉。它浑身都是臭的，到处拉屎。你爸爸就喜欢这样，总是留下烂摊子要我收拾。

烂摊子。特莉接受了这个词，并且受它支配。一辈子受人憎恨，不被需要，那种感觉是很难忘记的。

在梦里，母亲酗酒成性。已经药石无医。母亲不让特莉喝酒，却要她在去学校前把酒倒在母亲早晨喝的果汁里。特莉记得自己又饿又渴，她身上有钱，却还是从超市偷软塌塌的三明治和姜饼。她有个天才发明，那就是在羽绒外套里缝一个枕套，把偷来的食物藏在里面。偷窃是一种取得控制的方式，拿回本该属于我的东西。我的生活，是我的生活。

特莉希望自己也能逃离，因为害怕做梦，一天晚上，她和一个同学在外面待到很晚。等她最终回到家时，她注意到兔笼半开着，芭芭拉不见了。特莉到处都找遍了：隔壁的花园，茂密的树篱，街对面的公园。她就像个面带微笑的疯子，猛敲邻居的大门，寻求他们的帮助。于是芭芭拉搜救队成立了。但是梦击败了她，最终，她筋疲力尽，独自回到了家。

在梦里，母亲站在门廊前，双手搂着一个陌生人的腰，正大声笑着。那瓶伏特加已经喝光了。她用手背擦了擦嘴。芭芭拉说回头见，她窃笑着说，显然它是去找你那个没用的爸爸了。

在梦中，特莉非常想伤害母亲。想把她眼睛挖出来。猛扯她染了色的干枯头发。然而，她只是把所有的痛苦都藏在心里。一块边缘参差不齐的巨大玻璃裂成了碎片，填满了她弱小而颤抖的身体。

是梦吗？我问。你确定这一切都是梦？

特莉对着她的红色小笔记本叹了口气，一脸悲哀和挫败。不，她承认，这不是梦，我现在知道了。这是真实发生的事。她放走了芭芭拉，却没有放过我。

悲伤的第一阶段：震惊和否认。

她相对轻松地度过了痛苦、内疚、愤怒和拉扯的感觉。我担心的是另一种悲伤症状：抑郁。我担心她会崩溃。有那么一刻，我失去了信心。

我提出了这样的想法：抑郁症是一种无法解决的伤害。她告诉我，她已经痛下决心，要戒除坏习惯，彻底根除，不再每周去酒吧找女人做爱。我建议暂停，而不是根除。如果是根除，你很可能产生逆反心理，进而干脆放弃，或者重拾旧习惯，我说。

她向前倾着身子，用手指捋着红色的刘海，刘海逐渐变长。她的身体看起来是那么瘦小，伤痕累累，像一只小麻雀。她的眼睛睁得老大，写满惊恐，眼圈黝黑，脸颊凹陷。

我继续说，暂停可以给你时间去弄清楚你想要什么，但不能满足你的渴望、缓解你的孤独。

我不明白，她说。

不做任何会分心的事，你就有时间去悲伤了，我说。

明白了，她微微一笑。

一连几天，她都处在彻底丧失意识的状态。她崩溃了。她把头发剪得很短。我想把我的悲伤穿在身上，她说。特莉没有告诉任何人，甚至没有告诉柯丝蒂，她已经不再吃饭、工作或洗澡。

一个又一个钟头，她只是在“安定[1]”王子的陪伴下，浑浑噩噩地度过。梦境接连不断，这些是真的梦，她坐在狂野的战车里驶向悲伤。她相信，她幸福与否全在诸神的掌控中。夜间盗汗，精神错乱，幻觉，她通通经历了。

梦境，一个接着一个……

梦中，母亲拒绝去死。

美丽而又烦恼的母亲掌控着缰绳，酒从她的眼中喷涌而出，她坐在战车里冲入熊熊的烈焰和冰封的城镇。她强壮的手挥动鞭子，抽打着敏捷的战马。这里由她统治，她紧紧握着特莉的手腕，甚至都攥出了血。下面，理查德和女人们靠在灯光昏暗的吧台上。爱，在等待特莉从多年来的痛苦中挣脱出来。

丽贝卡，小贝，躺在潮湿的草地上数着棉花糖一样的云飘过。河畔长着橘黄色的大丽花，一阵夹杂着花香的凉风扑面而来。特莉和丽贝卡凝视着彼此，美好的爱抚，一个吻。*求你了，永远不要离开我*，特莉恳求道。任何黑暗都不能扼杀她们在一起的明媚时刻。

理查德穿着平常的衣服。*酒窝*，她说，*什么东西？真香啊*。他盛上韭葱鸡肉派，还加了一点肉汁。他把彩色格子桌布塞在衣领里，逗她开心。他说要再给特莉倒点酒，她接受了，但当他转身面对她时，那瓶酒变成了一把很大的切肉刀，径直刺进了她的心脏。*把你的派吃了，婊子*，他吼道。

1　一种镇静剂，Valium（安定片）作为药物，也是地西泮（Diazepam）的商品名。——译者注

那个叫克莱尔的女人，长着一双漂亮的眼睛，留着一头亮闪闪的长发，那头黑发长及腰部，犹如鳗鱼一般，她开着一辆低底盘的车，车速飞快，顶篷敞开。她和特莉来到了一个交叉口。**现在去哪里**？特莉问道。**去月球，要来吗**？克莱尔说。

母亲又出现了。这次没有战车。她站在特莉儿时的花园里，旁边是蒲苇和果实累累的苹果树。她的脸上混杂着困惑和狂热的神情。特莉像圣母玛利亚一样伸出手掌，她需要感受母亲不合时宜的爱。特莉看着母亲疯狂的表情变成了挫败。母亲微微一笑，把芭芭拉放在女儿的手心里，便走开了。**我只想让你爱我**，特莉对着母亲转过去的背影喊道。一直以来，她都知道自己想说的话，以及她令人窒息的孤独和渴望，不仅没人愿意听，也没人愿意给她一点关心。

我首先注意到的是她的体重掉得很快。接着是她干枯的头发，曾经是红色的发色变成了赤褐色。她想加药、请假，接受更多的治疗，甚至自杀。

在一些治疗时间，我只需要倾听和理解即可，只需要我这个人在场。而在其他时候，我则需要进行干预，比如有一次，她给我发了很多电邮，没有得到回复，便打了我的手机。当时是凌晨四点。但是她和“安定”王子那时对时间一无所知：白天变成黑夜，日夜已经颠倒。之前已经商量好，柯丝蒂搬去与她住一段时间，正是柯丝蒂实实在在的拥抱和照顾，我们额外的治疗，以及接受了自己喜欢女人的事实，最终让特莉渡过了难关。现在，抑郁占据了上风。

她的四肢感觉很沉重，就像拖着一具牛尸在糖浆中行走，她说。她的思绪浑浑噩噩，并不受她支配。我们讨论了“暂停”对她有什么帮助。让她的时间暂停，直到她能弄清楚如何拥有和接受自己的种种感受，如何尊重自己的身体，以及如何反思过去的生活。我想要，我需要，她说。但她很担心，不知要用多少时间才能接受父母[1]的忽视，接受自己渴望与女人恋爱，而这么做会引起怀疑，而且很可能已经太迟了。人们不会相信我的，他们不会给予我信任，她说。

我相信你，我信任你，我说。

每次治疗，她至少有一半时间会哭。但这很好。这是在治愈。有一辈子的时间供我们落泪，供我们哀悼和感受。在两年的治疗中，我监测她的能力，让她给自己开绿灯，渴望得到治愈。她给理查德写了一封道歉信，详细解释了她目前正在努力克服一些痛苦的记忆，希望有朝一日他们能谈谈，甚至再次成为朋友。他没有回复，但没关系。我还指望什么呢，她说，与他成为该死的笔友？我伤透了那个可怜人的心。

确实如此，我说，行为会造成后果。但我们不要惩罚自己。重要的是向前看。

特莉很不情愿，却还是考虑了我的建议，开始锻炼。她做有氧运动、竞走和团队运动项目。但是，太多的人、太多的说话声和太多的身体带来了极大的混乱，她不得不改做瑜伽，还买了一

1　译文中的“父母”，在原书中多为“parents”，少数为“mother and father”，即“母父”，这是作者女性主义意识的体现，特此说明。——编者注

张黄色的垫子，因为黄色带给人鼓舞，叫人愉快。你知道吗？那些开黄色车的人发生车祸的概率最小，她告诉我。我不知道，我说。她这样古怪，心烦意乱，表明她的大脑忙碌而混乱。

我想，也许车祸就是特莉眼下对生活的看法。只是，开车的人是谁？我的脑海中浮现出了 L 车牌[1]。

特莉还花钱请人触摸她。她请了一位整骨医生，重新调整她的脊柱，并以快速、猛烈的动作矫正她扭曲和疼痛的身体部位。她还请了一位女按摩师，按压她的背部和臀大肌，让她感受到快慰的痛感。再次被人触摸，她享受其中，也不介意付钱。她不相信，除非是那些提供专业服务的人，否则不会再有人触摸她了。不久她又会感到感情的激荡，但不是现在。眼下，她必须暂停，用 L 车牌探索自己的渴望。

柯丝蒂最终搬了出去，特莉发现自己走起路来，脚下像是踩着玻璃。她经常蹑手蹑脚地穿过她几乎认不出的家。她从衣柜的角落里拿出一箱箱的旧照片，看着它们，仿佛在等着过去的自己开口说话。她们看到她现在这副样子，不洗澡，满心恐惧，会说什么呢？她不再是那个逍遥自在的女人了，热爱工作和聚会，热爱跳舞和旅行，也不再热爱生活。外表对特莉来说很重要，注重外表让她远离现实，让她忘记真实的自己。那是虚假的自我，我说。

非常忙碌的虚假自我，她点点头。

1　见习驾驶员牌照。——译者注

特莉的痛苦很复杂，却又带给她快意，非常像宣泄的泪水或酸痛的肌肉，而这在一定程度上可能与她母亲的突然来访有关。当她终于听说女儿的婚礼取消了，便来见女儿，还掩饰了自己的愤怒。她两只手各握着一瓶酒，摇摆着酒瓶。特莉是那么悲伤，那么脆弱，便没有把母亲拒之门外，还在厨房餐桌上放了两个擦得很干净的玻璃杯。特莉穿着睡衣，柔软、温暖，但有股异味。一只袖口上落着三天前沾上的罐装番茄汤渍。母亲穿着整洁的藏青色连衣裙，裙子上有很多褶。特莉觉得她像一只灯罩，一只她希望可以关掉的灯罩，这样她就不用知道母亲*真正*在想什么，不用去理会她无休止的愤怒和失望了。

特莉的母亲所说的话大都只是白噪声，特莉的视线时而清楚时而模糊，如同置身于一个褪色的梦里。她注意到母亲的双手布满了细细的青色血管和老年斑。这么多年来，它们鬼鬼祟祟，快速出现，一直在等待着一个时刻，让她的女儿措手不及。瘦小的身体，多次受到伤害，先是深受打击，然后遭遇恐惧和否认，接着，要么战斗，要么逃跑，最后进入“解离”状态。我们称之为健忘症。但是通过治疗、敞开心扉和下定决心，身体开始慢慢地记起，直到最终，身体能够保持记录。它回忆起它所忍受的痛苦，所经受的苦难。身体记忆会牢牢抓住头脑所否认的东西。特莉一口喝光了她那杯酒，马上又倒了一杯，并没有为母亲倒酒。

你得振作起来去道歉，母亲吼道。*我不知道发生了什么事，我去找过理查德，他什么也不肯说，但你得把这件事解决好*。

解决好？特莉说，怒火燃起。

是的，而且要快！

我不能“修正”我本来的样子。我拒绝修正没有损坏或错误的东西。你真是个糟糕的母亲。你先来解决好这件事，做个好母亲吧。

看着母亲紧抿着粉红色的嘴唇，胸部剧烈地起伏着，特莉只觉得脚下失去了重心。她连忙抓住桌子的边缘，死死抓着。她很高兴自己的两只手都没空着，否则它们会做出什么？

你会孤独终老的，母亲用沙哑的声音厉声道。临别一击。这是一记阴招，一枪打在肚子上。只会惩罚的狠心母亲，压根儿就算不上一个母亲，特莉在母亲最终站起来离开之前大声说道。特莉的胸口突然揪紧，眼睛里充满了泪水，她重复道，只会惩罚的狠心母亲，压根儿就算不上一个母亲，除了自己，没有人能听到她的话。就在厨房的餐桌边，特莉崩溃了，她检查了一下，看看有几个手指上的指甲长到可以深深掐进肉里。她很快就阻止了自己，反而拉下了睡衣的袖子。番茄汤渍还在那儿，就像一个赖着不走的朋友。

漫长的夜晚一点点延伸，母亲不让她平静下来，特莉突然感到难以忍受。水槽里装满了热肥皂水，她把两个酒杯放进去，但立即把沾着母亲口红印的杯子捞了出来。特莉用指尖摩挲着小小的粉红色印痕，她像灰尘，像世界上最小的沙粒一样，把自己献给了宇宙。帮助我渡过难关，她哭着说。

更多的梦接踵而来。特莉被活埋了。母亲的手像《亚当斯一家》里的小手那样，从黑暗中伸出来，掐住了她的喉咙，紧绷的下巴发出剧烈的嘀嗒声，她那涂着粉红唇膏的干瘪嘴巴像猫的屁股一样，重复着一句话：修正，修正，修正……

夜间盗汗，晚上精神错乱，夜惊……她就这样煎熬着，直到早晨的到来。

特莉醒了过来，却异常平静。她把母亲昨天来访的事抛到了脑后。她看了看边桌上的时钟：上午 9 点 17 分，感觉自己的食欲稍稍恢复了。她想象着炒鸡蛋、酥脆的培根和一壶香喷喷的咖啡。躁狂的症状没有发作，她洗了澡，穿好衣服。她拿出自己的麂皮靴和一条干净的牛仔裤。她在浴室的时间比平时更久，决定下周去剪发，提亮发色，再修修指甲。一大口薄荷漱口水滑下她的喉咙，灼烧的感觉很好，给她带来了洁净感。她决定把漱口水吞下去，而不是吐出来，在她看来，这种液体会净化她的喉咙，冲掉对母亲的怨言。她查看工作时间表，给柯丝蒂打电话约定时间见面。特莉感到很宽慰，她的胸部和双手有些颤抖，但她终于勇敢地向母亲说出了真相，她为此感到自豪，感觉自己勇气可嘉，掌握了自主权，不再相信是自己错了。今天，她的家充满了阳光，在她越来越稳定的脚步下，感觉不那么陌生，不那么摇摇欲坠了。今天，她很伤心，却并不沮丧。

没有什么感觉是一成不变的，她大声说出来。一切向好。

✦

你知道电影《辣身舞》里的那一幕吗？宝贝和彭妮穿着紧身形体服和银舞鞋，面对面跳舞的那个场景？特莉问。

就是有《渴望的眼睛》配乐的那一段？我猜道。

没错，她伸手一指，很高兴我知道那个场景。渴望的眼睛，她唱道。

我们一起大笑起来。一切向好。

就是在看到那一幕时，我知道我喜欢女人。她们看对方的眼神，身体摇曳的动作。我就是知道，她说。

这是一段受欢迎的回忆？我戏谑道。

当然，她笑了。

《辣身舞》一直是特莉最喜欢的电影之一。

弗洛伊德认为，有两种基本驱动力可以激发思想、情感和行为，其实可以说是激发所有的人类经验，简单地说，这两种驱动力就是性和攻击。

弗洛伊德让病人躺在他那张著名的橙色平绒沙发上，他自己则坐在沙发后面，待在病人的视线之外，任由病人自由联想，这包括不受审查地表达一个人的意识。我偶尔会想，弗洛伊德和他的病人之间是如何度过这亲密时刻的，像渴望的眼睛那样，富于联系和创造性的方式如何在视野和凝视之外与他擦出火花。现代心理治疗并不像生与死那样，是二元的，不是这么简单。也许，弗洛伊德那热情洋溢的解释和富有洞察力的时刻，在今天的咨询室中都消失了。当今的治疗方法倾向于避开令人兴奋的洞察或启示。作为一名关系心理治疗师，我的目标是建立一种安全而有意义的关系，让病人感觉有人理解自己，并培养亲密的关系，以探索一些最深刻的问题，讨论生而为人有什么意义。精神分析是一个机会，让我们想清楚自己想要什么。与此同时，我们致力于了解不同背景、不同年龄、不同社会经济地位的女性，她们以任何必要的方式表达自己的需要：有的带着遗憾，有的情绪激烈，有的满心怨恨，有的非常直率，有的头脑理智，还有的心怀歉意。无论痛苦还是自由，每个女人都分享自己的欲望和身为女人的经历。我们知道女人想要什么。

特莉知道自己想要什么。

我知道特莉想要什么。

特莉想知道什么时候再去酒吧是安全的。她想念她们。她怀念那种乐趣，怀念与女人建立联系，怀念那种自由，怀念尽情跳舞时身体的感觉。

为什么不带上柯丝蒂？我问。

也许吧，她说，声音变得更柔和了。

特莉回去工作了，她需要在晚上做点能让自己有所期待的事。她探索自己的欲望，现在她不再偷偷摸摸，所以这事儿也变得不同了。那种燃烧的激情降温了，但她仍然心存渴望。她重新捡起了很多事，比如读书、游泳、画画，她又开始大笑，又开始呼吸了。在布拉兹制片厂的工作变得很愉快，而一年前，她根本不可能拍这样的片子。她还说要推出一系列新的纪实纪录片，探索全球对女性身体的仇恨。我看着特莉谈论这个项目，整个人焕发出了几个月不见的生气和热情。

她也在考虑要不要找个时间给母亲写封信。这是悲伤过程的另一个阶段，在这期间，人会考虑重建，会努力进入构架。但她担心这可能会让自己受挫。我和她之间什么都没有改变，她说。不管我们之间是什么样的关系，只要我们想把这段关系向前推进，我就得做我自己，不可以再有任何掩饰。

我感到一阵自豪。特莉，熠熠生辉的北极星，她对自己有了全面的了解。

快到圣诞节的时候，她决定尝试别的运动。季节快速变化，严寒天气幕天席地，她需要让身体再次活动起来。瑜伽很棒，她愉快地说，但把自己绑得像椒盐卷饼一样已经不太合适了。我想再次感受身体的力量，想要拉伸，想要燃烧。

于是她选择了骑脚踏车。帕奢利，罗宾，鲁贝山地车，海布瑞德混合型脚踏车，佳能，戴尔，这些牌子，该选哪个？我们花了相当多的时间仔细研究所有的选择。有一次，特莉发现我有些出神。好吧，我明白了，选一个吧，她怒气冲冲地自言自语道，好像我翻了个身，哪怕在睡觉的时候也精神紧张。

她选择了速度，最终选定了一辆鲁贝山地车。我承认，鉴于她之前的冒险行为，我有点担心她的安全。我想象着送给她一件夜光夹克，一顶头盔，许多自行车灯，以表示我对她的保护和关心。

你有头盔吗？我问。

当然，所有东西都齐了。我做了这么多工作，没理由死在你面前，对吧？

我注意到她用词油滑，就请她暂停一下。我想知道，承认你已经做了多少工作，并会继续做下去，对你来说是不是很痛苦。

我关心你。开玩笑是一种可以抵御正当的变化和亲密关系的简单方式，我说。

她更喜欢在晚上骑脚踏车。冬天的云，清新的空气，当她飞快地穿过滑铁卢桥、威斯敏斯特桥和南华克大桥时，她欣赏着流转的灯光、凛冽的寒意，以及清新的风。在一个美好的夜晚，她骑行到了巴特西区，T 恤已被汗水浸透，吮吸着她正在治愈的身体。从周一到周五，她至少骑行两次，到了周末则一天一次。她穿着夜光夹克，戴着头盔。我放心了。

随着脚踏车骑行，抑郁的情绪开始好转。一切向好。特莉像猛禽一样滑翔，她穿过以前很少涉足的街道和无人问津的漂亮广场。她开始用不同的眼光看待美丽的伦敦，抬头望着从未见过的阳台、飞檐、圆顶和屋檐。她很兴奋，感觉一切又在自己的掌握中了，享受着速度的舔撩，找到状态的感觉是那么刺激，让身体接受彻底的洗礼去迎合那个状态，在高潮中进入那个状态。那是她渴望和想要的状态。

她骑啊，骑啊，骑啊，骑啊，直到大腿内侧燃烧起来，她决定了，保证再也不会撇开那种感觉。

她的名字叫贝丝。不是伊丽莎白，也不是宝芬妮，就是贝丝。[1]

贝丝是那种会让特莉为自己的感情和诺言负责的女人。她不

1 Beth（贝丝）是 Elizabeth（伊丽莎白）或 Bethany（宝芬妮）的昵称。——译者注

是在常去的酒吧邂逅贝丝的，那些酒吧，她有时和柯丝蒂一起去，有时独自去冶游。贝丝的出现就像一只灵动的雨燕，她受雇担任那部女性身体新纪录片的自由编辑，起初并不引人注意。

特莉首先注意到的是贝丝的靴子，她听到了那双靴子发出的声音。不像其余同事踩在地毯上的那种沉闷的脚步声。她来了，一开始背对着特莉，而特莉继续写电子邮件，这期间还被一位制作设计师气得够呛，对方犯了一个大错，害得编辑工作至少得推迟一个星期。但她也注意到了贝丝的身材：高挑挺拔、自信、迷人。特莉从她边上一位同事那里得知这个女人叫贝丝，是新来的编辑。贝丝出现的时机刚刚好，特莉心想。

贝丝转过身来，映入特莉眼帘的是一个高挑美丽的女人。一双眸子深沉机敏，颧骨很高，下巴很漂亮。她留着一头赤褐色的长发，高高盘起。丝滑的发髻上插着一根发钗。她伸出手与特莉握手，笑容甜美而灿烂。我叫贝丝，她说。

我是特莉。

这么说，我们会一起工作，棒极了。贝丝再次微微一笑。

在接下来的几个月里，她和贝丝只是普通朋友。偶尔在下班后的晚上，特莉会拼凑出贝丝的状态：43岁，母亲是爱尔兰人，没有父亲。贝丝喜欢狗胜过喜欢猫，她宁愿当主人而不愿当仆人。注意到了，特莉心想。她常听广播四台和爵士乐，乘坐飞机会紧张，每年都会把布克奖短名单看一遍，无一遗漏。去年她也看了长名单。她订阅《纽约客》杂志、左翼的日报和《园丁世界》。她在洛杉矶生活过三年，是一名自由调查记者，在布达佩斯生活过两年，拍摄了一系列另类的文化纪录片。贝丝是独生女，她有很多朋友，其中大多数是女性。她喜欢时髦优美的文具、具象艺术、希区柯克和奥巴马。一天晚上，在唱了几轮卡拉OK之后，她醉醺醺地告诉特莉，男人和男孩很少喜欢没有父亲的女人和女孩，但她不在乎，她说，*我更喜欢女人*。特莉抓住了这个激动人心的消息，暂且收着，留待以后再用。她的耳朵竖了起来，像一只生气勃勃的山猫。特莉试图让自己平静下来，保持冷静，用自己充满渴望和希望的状态来迎合贝丝的特征。*我也是*，特莉一边说，一边翻着卡拉OK歌曲目录，寻找艾米·怀恩豪斯[1]的歌。

第二天，特莉飞奔来接受治疗，她的眼睛里闪烁着光芒。她的四肢不愿休息，不愿落座。*我能在这里站一会儿吗？*她问，双手和脚踝轻轻颤动，就像要进行冲刺一样。

当然，我回答。

我们谈到她想把自己的感受向贝丝倾诉。*快乐，渴望，想要比友谊更深的感情，一见到你，我就想紧紧地拥抱你，亲吻你的唇*。

*有什么东西阻止你把这些说出来吗？*我问。

我很害怕，她回答，此时双手叉着腰。

详细说说。

明显的原因是，我害怕被她拒绝，但实际上，我认为这是因为她是我遇到和认识的第一个让我产生爱和渴望的人。

1　英国女歌手。——译者注

我花了一点时间对特莉的成长和改变表示认可和尊重。这与她的一部分自己产生了联系，那个她心怀恐惧，有很多秘密，满心渴望，过去曾努力将爱和渴望融合在一起。我记得她如何区分开了对理查德的爱，却保留了对在她人生中出现又离开的女人们的渴望。她渴望那些女人，却不允许自己去爱她们，以及被她们爱。现在，面对贝丝，她能够将爱和渴望融合在一起，这也许是她十几岁认识丽贝卡以来的第一次。她独自度过了很多年，渴望的感觉被剥离，被否定，奉命消失，以保证她的安全。我们注视着对方。接着，她微微一笑。特莉的四肢终于放松，她坐到椅子上。

为你的渴望打开绿灯，我说。这个险值得一冒。你不仅渴望贝丝，而且是第一次体验到你有可能爱她。这是一个相当大的转变，可以同时拥有爱和感受到爱。

离贝丝的离职派对只有一个月了，那时她的自由职业合同就要到期了。特莉知道贝丝离开的一天总会来到，但她选择无视。只要拒不承认，就能保护她免受迫在眉睫的伤害。

规模不大，但会很有意思，贝丝双眼放光地说，给办公室里的每个人都递上复印好的派对请柬，喝酒，跳舞！一定要把那一天空出来，她笑着说。

特莉当然接受了，接下来的一周，她一直计划着该在何时何地，轻声而紧张地向贝丝诉说心里的感受。当她看着工作中的她，她能清晰地感觉到她们两个在一起的状态。她会分享说，只要能在贝丝身边，她就感到坚强和平静，而且，不管在什么地方，只要贝丝在场，美好的感觉就能将她包围。就像她完全占据了那个空间，没有戏剧性的场面，只有稳定不变的轻松。特莉希望留在那里，和贝丝在一起，只和贝丝在一起。她想要她。

你说得对，特莉高兴地说，值得冒险。也许贝丝也有同样的感觉。你说呢？

有可能她已经很清楚自己的感受了，我说，尤其是考虑到你们已经变得如此亲密。

本周早些时候，特莉分享了她和贝丝在午餐时谈论成长过程的经历。像她们聊到了学校、教堂、爱好、友谊，特莉提到有一次她因为长了头虱被从学校送回家，母亲就把一张十块钱纸币塞在她的胸口，吩咐她修正虱子的问题。柯丝蒂耐心地拿着一把白色的小梳子，把小小的梳齿穿过特莉那爬满了虱子的头发。特莉龇牙咧嘴，大叫着说她不介意那些小虫子在她的红色长发里筑巢，反正它们还能和她做伴，永远不会主动离开，除非她勤洗头，给头发消毒，用梳子梳头发，将它们杀死。我长虱子一定有好几个礼拜了，她说，但只要有人，或有什么东西愿意留下来，不管有多痒，我都不在乎。

在特莉讲述这个故事时，贝丝握住她的手抚摸着，脸上挂着微笑。特莉想象着自己说：我感觉自己已经不能爱你更深了，但她只是对贝丝笑笑，说，我们点杯咖啡好吗？

还有一段幼时的记忆：那是特莉的初恋。不是电影《辣身舞》里的宝贝和彭妮，而是她 11 年级的英语老师阿普比女士。特莉不知道阿普比女士是已婚、离婚还是单身，或者只是用了女士这个称呼，因为这样可以消除任何先入之见，而且，她喜欢这样的称呼。

特莉私下里给阿普比女士起名叫“苹果派女士[1]”，每当特莉看到她时，体会到的感觉就和吃苹果派的感觉是一样的，她更喜欢在苹果派上加蛋奶冻而不是奶油或冰激凌。但有时她会同时加入这三种食物，尤其是当她想要在吃糖的快乐中追求沉醉的感觉时。

阿普比老师让特莉监督学校的图书馆，她认为这是一个邀请，承认她一定是阿普比老师最喜欢的学生。在那些周二和周四的放学后，特莉会梳不同的发型，通常高高地在头顶上挽一个发髻，再系上一条精致的围巾，她有很多这样的围巾。特莉不确定阿普比女士是否注意到了她精心准备的发型和身上的香水味，但她希望她注意到了。*她选择了我，这对我来说意味着一切*。

接受和希望：特莉敢于设想和动员自己走向她的悲伤的最后阶段。

离职派对之夜终于到来了。特莉刮了腿毛，洗了头发，也洗了身体，还花时间打理了自己焕然新生的身体。这一切她做得很慢，充满了试探性。之所以说焕然新生，是因为从某种意义上说，她勉强意识到自己内心的感受变得不同了。一直存在的身体曲线仍然存在。敲敲她的小肚子，可以接受。脚大而瘦，够好了。她的腿感觉更强壮，更像运动员，这肯定得益于她过去 18 个月的骑行。她注意到牙膏和剃须刀旁边的小水晶盘，不再用来存放她

1　阿普比女士的英文名是 Appleby，与 apple pie（苹果派）发音相似。——译者注

沉重的订婚戒指，它现在装着柔软的棉球，它们像小鸡一样挤在里面。

她穿上一条黑色牛仔裤和一件奶油色的丝绸衬衫。是穿鞋子还是靴子，要在出门前看天气决定，毕竟会下春雨，她没有整理床，这表明她在控制自己的期望。特莉的希望眼下还只是希望而已。

她来到酒吧，身体微微刺痛。过去，她只是急着享受性爱，可跟今晚参加派对的感觉比起来，那是多么遥远啊。她更像是大踏步的母狮，而不是野猫。特莉发现同事们挤在一起，便朝他们走去，贝丝在众人中间，正和制作设计师们开玩笑，他们给她做了一份离别礼物，是一个工作牌匾，上面写着：事实证明，我是货真价实！特莉完全同意，她心想，还暗自微笑。

在那个晚上，她们的小指寻找着彼此，触碰在一起，交缠徘徊。同事们问，你后面要做什么工作？贝丝回答说：有几个项目我很喜欢，所以我会先休息几天，就继续工作。她瞥了特莉一眼，特莉说，听起来是个好主意。

聚会结束，贝丝步行送特莉回家，手指紧紧缠在一起。她们偶尔瞥一眼四周，两个人都像猫头鹰一样转过头来，两张脸闪闪发光。特莉放慢了步伐，让这个夜晚变得更长一些，而她希望这一夜永远不会过去。头顶上方，绿色的树叶被黑夜染黑了。街灯橘黄色的灯光倾泻下来，她们脚下是冰冷的大地，但她们的身体很温暖。原本只需要一个小时的路程，现在走了两个小时。最后，她们停在特莉家黄色的大门前。有什么东西握住了她们，就像她们握住了她们自己：温柔的拥抱。

最后，亲吻降临了。

特莉吻着贝丝，这一吻是为了以前那些女孩和女人，她从来没有吻过她们的唇，她们的脖子，以及耳后的柔软之处。

我的床很乱，没整理，特莉说。

那我就道晚安，等着邀请，贝丝说，*但不要耽搁太久*。

她们的关系谈不上十全十美。可特莉喜欢这样。她喜欢当贝丝离开小镇去工作，有时是一个星期，甚至一个月，她会想念她，这份想念发自真心，而不是演戏。她喜欢早上贝丝身上的味道，喜欢她笑着说，*今天你怎么过呀？*然后她加入特莉一起洗澡，她会偷拿肥皂，用特莉用的毛巾擦干身体，简单的快乐。特莉喜欢贝丝的朋友，对其中一些格外有好感，还有那些前女友，她们不死心，这叫人不快。但是特莉知道贝丝深爱着她，珍惜着她，每当母亲的声音说着相反的事，她就会抓住每一个机会提醒自己这一切。她享受*正常生活里的日常小事*。她说，*随着时间的推移，爱情会如何，并非听天由命，而是在不断发展，而我完全接受这一点*。

特莉不喜欢自己花了这么长时间才找到真爱，这么多年来，她都在取悦别人，依赖他们，过去的她把自己藏起来，远离这个世界和它的各个角落，她为那个自己感到遗憾。她不喜欢自己屈服在母亲的威权下，觉得惹她不高兴比满足自己的渴望要危险得多。

若我此时说迟来总比不来好，总显得油腔滑调，态度轻蔑，于是我说：*欢迎，很高兴认识你，见到你，见证你的渴望*。

有那么一刻，特莉沉浸在眼前的平静中。*很高兴走到如今这一步*，她笑着说。

✦

特莉因为害怕而拒绝承认自己的欲望。治疗刚开始时，她相信，将感受划分开来可以保护自己，这样就不必面对不可避免的难题，不必面对和接受自己想要的东西和真实的自己。当有人真正关心她时，出柜、尊重真实的自我、不再为那些试图摧毁她身份的压迫和伤害行为而担忧，并不一定会导致自我否定。特莉需要包容和同情的治疗，这是一个提供联系的安全基础，让她在探索自己想要什么和需要什么的时候，感觉有人更充分地了解和接受她。在特莉接受治疗的五年里，她让我明白，要抵御母亲的虐待和拒绝，并在这样的条件下存活下来，解离和否定是必要的，代价却是无尽的痛苦，她也变得支离破碎。多年的躲藏、自我治疗、隐秘不宣和谎言，都产生了负面的影响。

让我一直感到震惊和钦佩的是，特莉致力于更深入地了解自己，在这个过程中她是多么惹人爱。在特莉的印象中，*她做什么都是错，不讨人喜欢*，如果想要得到爱和赞美，就必须修正自己。她向我展示了她的痛苦是多么深重，多么复杂。父母的忽视，再加上她努力实现自己的渴望，直接导致了这样的局面。在很多方面，心中渴望翻涌都让特莉处于巨大的冲突和危险之中，因为这意味着先后失去了母亲和理查德，结果就是她把自己的性感受划分开来了。

否认、解离和记忆丧失是强大的防御机制。我们每个人都会这么做。知道它们的存在，了解它们及其起源，只是成功了一半。一定要知道我们可以用这些防御办法做什么，而这将决定我们选择如何生活。

最终，特莉能够感受到、表达并调动起来她对自己和贝丝的渴望和爱。有一个非常清楚又令人心碎的事实，那就是特莉最想要的是母亲的爱，一个无条件爱她的母亲。可悲的是，特莉从未得到这样的爱，她长久以来渴望母亲的爱却始终求而不得，她很伤心，可只有当她能够承认小时候遭受的忽视时，才有可能成长和改变。

心怀渴望，就是一种行动。当我们尊重并致力于自己的情感体验时，渴望就会得到满足，我们就会面对自身的恐惧和自我毁灭，以保护自己免受与渴望相伴的种种风险。然后呢？我们要如何自处？当我们跨过欲望的无形门槛，却又不敢心怀渴望，会发生什么？在拥有和体验想要的东西前，我们就被赋予了力量并表现自爱，那会是什么感觉？考虑到这一点，也许危险的不是渴望，而是渴望**能够**并且**将会**被实现的各种可能性。这些可能性会很惊人，还可能是无穷无尽的。当我们改变焦点，想象渴望的各种可能性时，我们就会完完全全地自爱，离拥有自己的力量越来越近。我们让自己的政治观点变得彻底，为我们的孩子让路，我们与彼此联系，一起成长，一起改变。我的心为小时候的特莉而痛，当她在这个世界上表现出了自己喜欢同性的本性时，却遭到了嘲笑、掌掴和否定。曾经困住特莉的无爱空间正在慢慢融化，在这一点上，我试图为她指引前进的方向，让她成为现在的自己。**亲爱的**，特莉。

我的父亲，那个浑蛋

是什么驱使我崇拜并折磨
任何离开我的人……

——艾米莉·斯卡亚《粗野：诗集》（2018 年）

失望之情在她的心里翻搅涌动。她睁开眼，看了看床头柜上的时钟，只见才清晨六点，便把光滑的腿伸到床边，站了起来，她本来希望睡一觉就能忘记昨天的感觉，可此时这希望突然破灭了。

她在浴缸里放了一盆冷水，又抓了几把冰块丢进去，然后脱下浅色的棉质晨衣。四周前，她查询了一下制冰机的价格，但发现除非购买工业制冰机，否则没有什么意义。因此，她每周还是要不胜其烦地拿数个装满冰块的塑料袋，至少在解决焦虑问题之前，都要如此。如此一来，她就需要我这个心理医生了。*毕竟，我们都是这样做的，不是吗？花钱请人帮忙解决问题*，在第一次治疗的时候，凯蒂这样嘲笑道。

她赤身裸体地进入卷边浴缸，手指抓着弯曲的钢条，等待着冰冷让身体变得麻木。昨天她与父亲通了电话，又耗费力气为一本时尚杂志拍摄了照片，从那时到现在，焦虑仍在她的身体里回荡，后果严重。焦虑作祟，她无法清晰地思考，恐惧像一个巨大的气球一样飘浮着，她直冒冷汗。她等待着冷水来麻痹她的疼痛，再过一两个小时就要开始治疗，她感到既宽慰又愤恨。

凯蒂更喜欢走秀。走在狭长的 T 型台上，她更有在家的感觉，台下的观众穿着时髦的衣服，戴着超大号的太阳镜，为她倾倒。但由于时装周每年只在四个首府举办两次，凯蒂在其余时间便去拍广告，写社论，偶尔还在私人派对上担任 DJ。昨天为时尚杂志拍照片拍了一整天，需要她的脸部和身体相互配合。*再多给点眼神，肩膀放松，对着我，把脖子伸长一点，俯身进镜头，要显得腿长一点，壮一点，把头向后仰*，摄影师吩咐道。凯蒂的身体完成了所有这些命令，思想却在别的地方，轻而飘忽。仿佛一艘遥远的小帆船。她意识到自己是多么孤独，多么孤立无援。当凯蒂展示她的烟熏妆和红唇时，她真希望自己当初接受了*我那讨人嫌的哥哥*文森特的邀请，去加利福尼亚州做瑜伽静修，*好好放松一两个礼拜，妹妹*。但她又走上了老路，变成*那个忙碌的傻瓜，加剧心中的不安全感，相信工作和美貌会解决一切问题*。

日日夜夜，凯蒂要么购物，要么连续几个钟头玩 PS5 游戏机，要不就是参加那些没完没了的派对，和人上床。在这样的时候，她可以兴奋起来，忘记自己是多么忧郁。在她看来，只要生活中出现哪怕是很短暂的停顿，都可能会导致她彻底崩溃。她害怕当她呼吸、放松和静止时，那些感觉就会一涌而出。

事实是，在冰冷的洗澡水里，凯蒂的身体大约需要四分钟才能麻木。她闭上眼睛，等待着胃里的绞痛消失，喉咙紧锁的感觉缓解，胸腔里的怦怦心跳声停止。*不要再怦怦跳了。拜托了，不要再怦怦跳了*。还有她疯狂的大脑。当她回想起手机里名为“快乐”的相册中储存的那些柔软、熟睡的动物和编织教程的图片时，她的大脑运动也慢下来了。

孤独的感觉不会毁了你，凯蒂，我很快就会对她说。*没有什么感觉是一成不变的*，她会这么回答：*确定吗？你确定吗？我很害怕*。

✦

早上八点。一连很多天，我面对的都是凯蒂的红唇和长腿。那抹笑容如此富有感染力，我竟然发现自己毫不犹豫地模仿起了这个表情。在她六英尺[1]高的瘦削身材上，穿着一件超大号的白色棉质衬衫，脖子上挂着好几条朋克风格的链子，下身穿着一条小皮裙。她的短靴是黑色皮质的，有三个搭扣和细小的金色饰钉，磨损程度足以暗示她的冷漠和摇滚风格。是蔻依牌的，我心想，我在各种时尚杂志上都看过这些服饰。**你好，我叫凯瑟琳**，她微笑着伸出一只手，皮肤晒得黝黑，手很稳，**但我更喜欢凯蒂这个名字**。

我立刻对凯蒂的坦率感到放心，**更喜欢**她有能力向一个几乎完全陌生的人说出自己的愿望。凯蒂，确实比凯瑟琳更合适，我心想。她的肢体动作如猫科动物一般，走进来时整个人散发着自信，这名字确实适合她[2]。她是一个走 T 台的模特，接受过私人教育，又有多年在世界各地旅行的经历，能这样也在意料之中。

请进，我说。**坐吧**。

她扫视了一下房间，把背包扔在地板上，捏了捏指定座位的皮扶手，然后在座位边缘坐了下来。凯蒂是个妩媚动人的年轻女子。可以想象，哪怕我盯着她看很长时间，也不会觉得腻。她深吸了一口气，用敏锐的眼神又快速地扫了一眼房间，接着用手指

1　英美制长度单位，1 英尺合 0.3048 米。——译者注

2　Kitty（凯蒂）也有“小猫”之意。——译者注

梳理了一下她那一头齐腰金色直发。

外面，冬天的云突然出现在天空中，空气清新，阳光明媚。开始了，我不由自主地这么想，很奇怪自己为什么突然感觉像是在坐飞机，在进行一场比赛。比赛发令枪即将响起。气氛充满了对初次治疗的期待，我等着看凯蒂将如何开口。她一上来会选择说什么话来开始她的治疗。

我的父亲，那个浑蛋。因为他，我才会出现在这里，她说，坦率地说，我很讨厌来这里。要花钱，还要花时间。所以，他真该死。

我感到自己的背部紧绷，每每面对未经控制的愤怒，都会如此。

有时候我他妈的真恨死男人了，她说。可以抽烟吗？

我还没来得及回答，她就把手伸进皮背包，拿出一包万宝路特醇香烟，在椅子扶手上轻轻地敲了敲。我注视着凯蒂。她的嘴里像是含着热炭。那是一股渴望，想要将父权和她父亲的房子通通烧成灰烬，这样她就能整理好自己的生活了。

恐怕不行，我回答。

凯蒂翻了个白眼，把香烟扔回她脚边的背包里。她恼怒地看着我，思考着我说的话，最后无奈地耸耸肩说，想必这是你的规矩吧。

她靠在椅背上，胳膊肘弯着，整理了一下披散在肩上的金发。她整个人的状态有着女王般的从容和自信：高贵、专注。她跷起二郎腿，模仿抽烟的动作，还大笑起来，露出一口耀眼的白牙。

好吧，我还是抽了，我能想象她心里一定是这么想的。

表现不错，我说，琢磨着是否该给她一个想象中的烟灰缸。

她对我半笑不笑，身体前倾。那么，要怎么做呢？你怎么给我做心理治疗？

很不错的问题，我心想，在我的职业生涯中，病人问过我很多次这个问题。我们该怎么做？病人这么问。要花多长时间？你能帮到我吗？我怎么知道治疗会不会有效？会痛吗？

人们来到我的小办公室，谈论他们最私密、最烦恼的想法和感受，这最起码可以算非常勇敢的行为。心理治疗的第一个关键步骤，在于患者对自己的人生困境负责，并意识到在治疗过程中，他们将成为自己行为和选择的有意识的建筑师。有时病人会拒绝承担责任，于是作为他们的治疗师，我面临的挑战之一是鼓励他们思考和分析。诊疗时间便是供他们对自己的难题采取行动和做出回应。这需要时间，主要是因为必须建立信任，以及弄清楚促使患者接受治疗的原因。然而，不确定性——尤其是在治疗开始时——是心理治疗的先决条件。治疗师和病人一起踏上了一段旅程，可会达到什么状态，有什么结果，他们完全没有把握。治疗师的任务是不要望而却步或惊慌失措，而是要保持镇定，接受并不总是有把握的现状，从由此产生的不安中找到安慰。

在回答凯蒂的问题时，关于这个未知的过程，我提供了我所知道的唯一答案，我说，它要求你在每周 50 分钟的治疗时间里讨论心里的想法。这里有诊察台，但我鼓励你坐在这里，与我面对面。谈话开始后，我可以评估一下怎么帮你。

她向后靠了靠，点了点头。假装握着香烟的手垂在了膝盖上。

我总是感到焦虑，她说道。于是我想尽一切办法不让自己焦虑。然后我感到内疚，羞愧，有时还觉得自己的心死了，这取决于我做了什么来避免焦虑，这些办法基本上都是不良的行为，要不就是和人上床。我这么做，是为了欺骗自己的身体去感受某些东西。我经常浸在冷水里，让身体感觉麻木。

这有用吗？我问。

她点了点头。

你这么干有多久了？

从寄宿学校开始，她说。

凯蒂 11 岁时，父母远赴亚洲，却把她送去了寄宿学校。她的父亲在天然气和石油行业工作，是一名油藏工程师，他坚持让凯瑟琳留在英国，母亲得知后哭成了泪人。比凯蒂大一岁的哥哥文森特则跟随父母一起前往。凯蒂突然发现自己没有了家人，非常想家。他们带走了文森特，却撇下了我，我心里恨极了，我很愤怒。

与家人分隔两地，对她来说是一个巨大的打击。凯蒂的痛苦是可以理解的，作为一名讲求依恋理论的心理治疗师，我承认，其他做过全日制寄宿生的病人也有类似的感受。

凯蒂几乎每个周末都给母亲写信，求她把我接走，我很伤心，很孤独。我不合群，其他女孩都讨厌我。而答复则是一份份礼物，比如装满美味蛋糕和糖果的豪华篮子，只是我很少去吃，还有新裙子、围巾、洋娃娃和僵硬的泰迪熊。有时还会附上手写的字条：

坚强些，亲爱的，我们爱你，妈妈 ×××[1]。

我想要的不是糖果和洋娃娃，凯蒂说。

我点了点头，睁大眼睛，鼓励她多讲讲。

我想回家，凯蒂继续说。向来都是爸爸说什么，她就做什么。

在是否带你和家人一起去亚洲的这件事上，你母亲没有发言权？

凯蒂凝视着窗外。在是否带我和家人一起去亚洲的这件事上，我母亲没有发言权，她茫然地重复道。她走神了。

我注意到凯蒂的走神和机械的回答。她承认，无论女儿多么想家，母亲都违抗不了父亲的意愿。

你跟你父母说过你有多痛苦吗？

这不是我家的风格，她说，我们不讨论感情。

明白了。这听起来本身就是件很痛苦的事，我说。

确实如此。感情的话题是禁忌，代表着软弱。寄宿学校教会了我，凡事都要沉着冷静。

寄宿学校于我而言是个很陌生的世界，我说，我只能想象那感觉有多孤独。你说你母亲哭得很伤心。她对你的离开，是不是非常矛盾？我问。

也许吧，是的。我希望她能保护我，能接走我。但她没有。想想看，一个母亲，我的母亲，只带走一个孩子，却丢下了另一个，这实在叫人沮丧。

1　欧美短信末尾常见向亲朋好友表达亲昵的方式，× 代表 kiss（亲吻），× 的数量越多，表示关系越亲近。——译者注

这感觉就像——

——就像背叛，她替我把话说完。

背叛，我重复了一遍。

的确是这样。这事发生在我妈妈身上，感觉是更严重的背叛。生我爸爸的气很容易。他这么做也在意料之中。可一个母亲竟然也这么做？我永远不会送我的孩子去寄宿学校。

每天早晨，凯蒂都祈祷母亲会改变主意，像女骑兵一样冲进来，把她从地狱般的寄宿学校里解救出来。凯蒂在学校操场上失魂落魄地走来走去。据她回忆，只有在离家第一年的圣诞节期间，她才见了家人一次。但现在家到底是什么？她想知道。

那莴苣呢？在去寄宿学校的前一个星期，凯蒂这么问她母亲，她说话时嘴唇都在颤抖。

母亲向她保证，莴苣会被空运到亚洲，在那里等着凯蒂去看它。然而，当圣诞节终于到来，凯蒂发现她心爱的莴苣已经去了兔子天堂。凯瑟琳，你该庆幸它没有受苦，父亲说。凯蒂并不觉得感激。她的心都碎了。她怀疑父母一直在骗她。文森特别开了脸，他一句话也没说，显然很痛苦。

我不感激，我很愤怒，感觉自己失去了亲人，凯蒂说。

伤心事还是埋在心里，最好别说出来，凯蒂的舍监如是说，不是鼓励她打起精神来，就是说行了，最好不要谈这种事，只会惹得你心烦。

凯蒂努力让自己入睡，宿舍里的许多女孩都是如此，一到晚上，她们的哭泣声便此起彼伏。那时的情形依然是她现在的噩梦，一个个画面凄凄惨惨：她瘦小的身体躺在黑暗中挨冻，在壮着胆子去卫生间的途中，夜晚的阴影重重，古老的建筑里有各种奇怪的杂音，吓得她魂不附体。吃饭也是个大问题。学校食堂的人工环境很像一个竞技场，女孩们彼此竞争，还会留意别人吃了多少，或者有没有吃东西。有一次，凯蒂瘦了很多，她记得舍监，一个严厉、下巴紧绷的胖女人就强迫她吃干烤面包和蜂蜜。行了，凯瑟琳，快吃吧，她不依不饶地说。凯蒂照办了。凯蒂知道自己待会儿会吐到马桶里，于是烤焦了的吐司也变得可以忍受了。

有段时间凯蒂太瘦，因为怕她身体出问题，学校便让她回家和父母住了一段时间，那时候，她无意中听到了父亲的话。她长胖了就得回去。寄宿学校能培养人的性格。母亲保持沉默。

凯蒂清了清喉咙。

确实是，寄宿学校确实会锻造性格，她说。

怎么个锻造法？

我学会了如何活下去，如何压抑自己的感情。但我也决定不再依恋任何人。

我们沉默下来。一种深切的悲伤开始在我的胃里翻涌。一个12岁的小姑娘，居然在最需要的时候决定放弃所有的情感依恋，真叫我心碎。

我对凯蒂笑笑。努力活下去，的确会让我们变得麻木不仁，对抗这个世界，我说。有时变麻木的也包括我们对人的依恋，甚至可能包括我们自己的感受。压抑感情，看似是一种保护自己免受痛苦和失望的好办法。你学会了掌控分别，不再悲伤。也许你是通过回避或解离来避免依恋的？

我只是做了能让自己活下去的事而已，她说。

我赞同，也很理解，但这也许要付出很大的情感代价。

她抚摸着自己的皮裙。

所以现在我一无所有，没有一点感情可以依傍，她露出了腼腆的笑容。

我报以微笑，很高兴能来一段“舞蹈治疗”。在这一刻，当我和凯蒂步入舞池时，联系、理解、共鸣和风趣幽默就会一起出现，有趣的摇摆舞。我注意到她颇具创造力，能迅速融入幽默的氛围，不是为了自我保护，而是作为一种建立联系的方式。隐喻和文字游戏有助于建立信任，我暂时充满希望。事实证明，一些疗法在点化作用和趣味性方面更具挑战性。我记得有一次，一个病人来做评估，告诉我她想找个男朋友。他们都躲起来了，她说。当我回答说，我无法从我办公室的橱柜里变出男朋友，但我们可以讨论一下她想要找男朋友的愿望时，她严肃地转向我说，别傻了。我的新男友怎么可能塞得进那个柜子？

我们两个都觉得自己不太适合做心理分析研究。

不过，凯蒂确实为一件事感到庆幸，那就是她的身高。在13岁的小小年纪，她就清醒地意识到自己必须活下去，才能适应寄宿学校，而凯蒂把这归因于她的身高。变化出现了，人们开始对我刮目相看。这也表示他们对待我的方式不一样了。头两年简直是地狱。我非常孤独，但后来我发现自己可以掌控一些事，比如饮食、学习（意外地迷上了学习），还有运动。我的曲棍球打得很好，成绩也不错。我发现好胜心让我赢得了其他女孩的尊重，我还发现，专心打冰球是件非常开心的事。每天早上我都心急火燎地等待其他女孩洗完澡再去洗，只有在那个时候，水才会变凉。一洗上冷水澡，我立刻就能平静下来。

你发现了可以让感情冻结的方法，我说，又觉得自己的回答有点儿明显、笨拙，太像是在解释，也太平淡，于是我改口道，冷水澡也许是你应对失望和孤独的一种机制？

很对，但随着时间的推移，情况变得越来越极端。因为随着年龄的增长，感情会越来越强烈，对吗？

也许是感情在进化，所以才会在浴缸里放几袋冰块？我回答道。

她点了点头，沉吟了片刻。

你刚才提到你父亲是个浑蛋，我说。

凯蒂用一只手捂着嘴窃笑。听你这么说，真有意思，她笑着说。我注意到，她的回答不像 23 岁的人会说的话，只有年纪很小的人才这么说话。

为什么说他是个浑蛋？我问。

现在我自己有了工作，他就威胁要削减我的零用钱。我是说，在他让我经历了那么多之后，钱是他最起码能给我的。

我示意凯蒂详细说明。

就拿昨天来说吧，她说道——

这一天是从一个凉水澡开始的。接着，患有失眠症的父亲打来电话，说他正在为凯蒂的母亲策划一次特别的生日聚会。那你星期六就飞来萨拉索塔吧，他说，我已经为你订好机票了。带上合适的衣服，不要太紧，也不能太短。

听到这话，她盯着一件挂在自己定制衣橱里的紧身连衣短裙，忍不住在心里暗骂“去你的，控制狂”。

好的，爸爸，她微笑着对着电话说。

凯蒂的父母早已退休，一年中的大部分时间都住在阳光明媚的地方，与阴暗的人待在一起，只是他们是你所见过的最正直的人，凯蒂说。

命令她如何出席母亲的生日派对，本是意料之中的事，但她的零用钱被大幅削减的消息却在意料之外，因为你和文森特都赚得不少，能自立了。凯蒂勃然大怒。

我得挂了，她说，突如其来的怒气使她的胸膛剧烈起伏，一小时后我有一场拍摄。把手机放回原处，凯蒂想洗个冷水澡，却发现再过一个小时，她就得去伦敦西南部，只好给自己倒了一点伏特加。在去拍摄的路上，她给文森特打了个电话，文森特对这个消息没那么大的反应。他又得了一分。凯蒂再次勃然大怒，挂断了电话。

他真是个㞞包，她非常轻蔑地说。

拍照片时，凯蒂心事重重，愤愤不平。父亲以为自己是谁，居然可以毫无预兆地削减她的零用钱？真是个浑蛋。她仍然痛恨他对自己的控制。他居然能如此迅速地剥夺她和文森特既需要又依赖的津贴。在等待当天的拍摄指示时，她一言不发，怒火在心里燃烧，对影棚提供的酸奶和小块水果不感兴趣，这些东西呈扇形展开，就像是漂亮的展览品。她只想要一大块油酥糕点。你们这里有油酥糕点、羊角面包或别的什么碳水吗？她很坚决地问，摄影师助理假装生气。后来，她又不满意妆发师用的时间太长，赶走了那些忙碌的手。你的脑袋能不能不动？转过头来，闭上眼睛，他们指示道。凯蒂一口吞下酥皮巧克力蛋糕，让一片片浅色的酥皮在她的嘴里继续存在。她突然感到自己是多么渺小，力不从心，就像我又回到了11岁一样，她说。孤独又无助。

凯蒂被他们的要求弄得心烦意乱，决定去卫生间冷静一下，之前和父亲的谈话仍然萦绕在她的脑海里。

为什么总有人在指挥我怎么做呢？她问。

你是模特，不是吗？我说。

是的。

我遗漏什么了吗？

不。一语中的。

我伸手去拿水。

在浴室里，她翻看了手机里比熊犬幼犬和毛茸茸的白色小猫的照片，这个名为“快乐”的相册里至少有2000张可爱小动物的照片。她看了看手表，觉得妆发师不会介意她多坐一会儿，看一个简短的教程，学习如何用超大的绒球编织一种特殊风格的冬季围巾和帽子。我肚子疼，她撒了个谎，妆发师说不定会以为我刚才吃了酥皮蛋糕，现在在催吐。但他们错了。凯蒂只想一个人待着，看一看，听一听编织针的咔嗒声和小猫的喵喵叫声。这两种声音都有助于抚慰她悲伤和孤独的心。

我注意到自己很想安慰凯蒂的痛苦，抚平她的孤独。她之前又是假装吸烟，又是使用强硬的措辞，不过是在虚张声势，她是在保护自己的焦虑，这时突然有了临床意义。我想象着她蹲在卫生间的小隔间里，躲避外面的世界，死死盯着手机，试图用这个办法来自我调整。我想知道她还养成和磨炼出了哪些生存机制，以平息她那强烈的焦虑。

在拍摄过程中，凯蒂感觉自己的灵魂好像离开了身体。*就好像我在飘浮，处在自动驾驶模式。不管摄影师说什么，我全都照做。*就在几分钟前，她还想象着自己在平静的海滩上，突然一阵不可抗拒的孤独感如海浪般袭来，她后悔没有接受文森特的邀请，去温暖的地方度假。

*你的身体按照吩咐的做了？*我问道。

是的。我什么都感觉不到。

在某种程度上，我们都是分裂的。举个例子，我们在同一个时间定了两件事，既约好了与一个朋友共进午餐，却又在同一时间预约了牙医。另一个轻度分离的例子是，当我们走进一个房间时，却不记得要去那里做什么。在这个连续体的另一端是复杂的创伤相关障碍，其特征是将人格划分为不同的“变体”，每个变体都对患者所经历的创伤有自己的反应。这就是现在所说的分离性身份障碍，以前被称为多重人格障碍。通常，当一个人经历分裂时，他们会感到与自己的身体和（或）感觉分离或割裂。有时，人们会说这是感觉麻木、不真实，或者从外部观察自己的生活，而这可以归结为灵魂出窍的体验。也可能有“不真实”的体验，曾有病人声称自己治疗时如同身处迷雾或阴霾之中。我有兴趣进一步探索凯蒂可能的解离状态，以及这在她的生活中是否经常发生。

我认为你所说的可能是所谓的解离，我说道。

我经常这样，她说。

随着身体处在自动驾驶状态，整个人就像提线木偶，而凯蒂的头脑变得模糊，几乎是一片空白。摄影师用他悲伤的嘴和惯常的眼神命令她肩膀放松，对着我，把脖子伸长一点，俯身进镜头，要显得腿长一点，壮一点，把头向后仰。凯蒂的身体按照要求去做，好拍出理想的照片，她的思绪则飘忽不定，让她相信自己做的是世界上最轻松、最令人向往的工作。谁不想要我的生活呢，她想，同时想象着比熊犬、毛茸茸的白色小猫和编织绒球。

在我的生活中，屈从是司空见惯的，她说，我则听她说。

凯蒂第一次和男人上床时，他提议自己戴上没有钥匙的手铐，而这就像在她内心打开了一扇小小的天窗。她不确定他兴奋不已是因为她强迫他躺在沙发上，还是看到了她的高跟鞋，但这个邀请和可能性让她觉得很刺激。

他把手举过头顶，把手腕搭在天鹅绒垫子上，让她知道他想要什么。在那边，最上面的抽屉里，他点了点头示意。凯蒂回头望着一个锃亮的漆柜，命令他说，待在原地别动。

她寻找那把可以打开他的皮手铐的小钥匙，但几秒钟后，她就认定这不是她的问题，于是由着他戴着手铐，还去给自己泡了一杯茶。她注意到，他的橱柜空空荡荡，却存了各种茶，有的甚至是上品。他把很多茶盒摞在一起，像是在玩俄罗斯方块游戏，她很喜欢，最后选择了甘草和茴香味的茶叶。*别动*，她从他厨房门长方形的门缝里命令道，一边用骨瓷杯慢慢地喝着茶。这是她第一次发现自己有*施虐倾向*，但这似乎是很自然的，她想。小小的天窗提供了许多可能性，许多探索的计划，更重要的是，还提供了*自由*。

后来，他们转移到他的卧室。那里活像个医务室，无印良品风格的样品间，有一张低矮的木床，还有橡胶植物和许多白得耀眼的靠垫、床单和窗帘。凯蒂注意到房间里很干净，气味很清新，一股冲动立刻涌了出来，她很想破坏这里的秩序，把这些东西都搞乱。*渴望毁掉一切，制造混乱*。

男人躺在床上。他又把手臂伸过头顶，兴奋之下，他的下体硬了起来。凯蒂看出了他的激动，感觉自己的双腿之间也涌过丝滑的热流。她屏住呼吸，加深那幸福的滋味，心在怦怦狂跳。她想让他要她。她要他完全服从她，这样她就能支配他的欲望，彻底了解他，这样他就不必向她要任何东西了。

告诉我你想要什么，她问。

他叹了口气。*我想要*……

她捂住他的嘴，低声说，*嘘，我不在乎你想要什么*。

男人翻了翻白眼。*你想要什么*？在凯蒂死死捂着的手掌下，他费力地问道。

她看着他，闭上了眼睛。*我想要*……她说，却马上住了口。

她知道他想让她说什么，却不肯如他所愿。脏话，轻声诉说震惊与污秽，这样他就能感觉到自己被别人渴望着。但她真正想要的是让他爆裂，让他的身体和心灵完全臣服于她，看到和感受到他内心深处的东西，好像他是个成熟的桃子。

你是个奇怪而美丽的东西，男人咬紧牙关说。

凯蒂不喜欢“东西”这个词。这不是形容人的，而是用来形容物体的。

她的下一步行动令人惊讶。

我要走了，她说，在出去的路上捡起了她的细皮带。男人被皮带抽了几下，皮肤变成了洋红色。

在回家的路上，她停下来吃了一片比萨，嘴角一直挂着笑容。

凯蒂看着我。我知道这对你这样的人来说可能听起来很奇怪，她说，但从那以后，我就很难再和别人有那样的亲密关系了。

我这样的人？我问。

正常人，她说。

拍摄结束后，凯蒂感谢了摄影师和造型师团队，并为自己之前闹情绪道了歉。她还感谢了摄影师助理为她准备糕点，感谢妆发师这么有耐心。我们找个时间喝一杯吧，她建议道，很清楚没人会真的出来喝一杯。

我很好奇，你为什么明知不会有结果，还主动提出约他们，我问道。

她耸了耸肩。习惯而已，她说，总要讲礼貌。

凯蒂挥手叫停了一辆黑色出租车，穿过城市前往她的朋友拉维尼娅家，她的脸上化着精致的妆容，头发向后梳成法式发辫。她那热烈到叫人厌烦的男友伊森已经在那里等她了，他之前打过好几次电话询问凯蒂在哪里。我在工作，伊森，她在电话里吼道。完事了我就过去。

出租车司机看了看镜子。

要去什么重要的场合？

一个朋友家。

这一天很忙？

是的。有工作，她笑着说。

你是做什么的？

我帮人遛狗。

我女儿喜欢动物，她想当兽医。你有没有想过做兽医？

没有。

养了宠物，你就永远不会孤单了。

凯蒂戴上耳机。她手机上有几条语音留言。一条是伊森发来的，询问她有没有从影棚出来，另一条是父亲发来的，建议给她母亲送什么生日礼物，比如手表、新行李箱，爱马仕的东西。凯蒂听后便删掉了他的声音，回了一条短信：给妈妈的礼物已经准备好了，不过还是谢谢你的建议。再聊 ××。几秒钟后回复就来了：什么样的礼物？

凯蒂实际上还没有给母亲买礼物，但她不理会他的建议，回答说，是惊喜 ××！

你妈妈不喜欢惊喜，他回短信说。

去你妈的，她输入后又删掉。晚点打给你，爸爸 ××，她转而输入道。

你为什么不说出真相？我问，留意到这对父女的对话中充满了火药味，分隔大西洋两岸的双方都很有攻击性。

这样更简单。

简单？

凯蒂把目光移开。

你不喜欢发生冲突？我问。

也许吧。但事实并非如此。也许只是不喜欢和我爸爸发生冲突。

你认为这是为什么？

她沉吟片刻。

如果我能实话实说，她轻声说道，我注意到她要说的话会让她很痛苦，我只是想让他爱我，来看我。他去看过文森特，却不来见我。他送走了我，却留下了文森特。

她哭了，肩膀不住地颤抖。我注视着她的眼睛。突然间，凯蒂去当模特的原因变得合情合理了。

留下了文森特是一个奇怪的细节，这个词也可以用来描述宠物，我心想。我想起了凯蒂早先的失望，以及她心爱的莴苣很可能是被抛下，被遗弃了。凯蒂的痛苦牢牢扎根在我的胃里，在我的身体里坍塌。我的身体因凯蒂的损失和解离而疼痛。我承认，她早先对她的浑蛋父亲感到愤怒，是她对精神痛苦的防御手段。此外，我想知道凯蒂早期童年的痛苦有多少已经扎根在她的身体里了。

我感觉到有些感情是凯蒂想要避免的，那些感情可能太痛苦了，甚至连想都不敢想。看来我是代表她拥有了那些感觉。我的反移情表明了有哪些情感是她不允许自己去感受的。凯蒂为了保护自己而选择否认我替她怀有的这些感情，是可以理解的。

我的反移情很强烈，也很持久。移情是病人转移给治疗师的感觉，这种感觉通常建立在早期的关系之上，而反移情则相反：有时，作为治疗师的我对病人会产生非理性的感觉。反移情偶尔会让工作变得非常棘手，有时甚至无法完成。例如，想象一下，一个有色人种心理治疗师治疗一个被控有种族攻击行为的病人，或者治疗师是家庭暴力的受害者，却要治疗一个狂躁的施虐者，那么，治疗师就会再度回想起自己经历过的种族歧视和暴力事件，并可能在心理治疗中花费相当多的时间去治愈自己。尽管环境不一样了，但重新经历那些事，感觉如同受到了二次创伤。治疗师可能会觉得太过不公正和痛苦，而这是可以理解的。怒火会熊熊燃烧，尤其是在病人对自己所犯的罪行并不觉得懊悔，也不会负责的时候。我还记得，在我第一年的临床实践中，一位 40 岁出头的女性来找我咨询。她之所以联系我，是因为她经常不由自主地和警察发生冲突，你有时间接待我吗？在咨询期间，有件事变得明朗起来，之所以起摩擦，是因为她在酒吧和夜总会对几名男女进行种族主义攻击。其中一名受害者还被送往了医院。这位潜在病人选择透露的另一条信息是，她的女朋友给她下了最后通牒，去寻求帮助，不然我们就玩完了。要是有人来接受治疗，是因为伴侣下了最后通牒，而不是自己心甘情愿，那么对我而言就是一个危险的信号。于是我拒绝了她。但最叫我气愤的是她告诉我，中国人很好，很守本分。事实上，我还交过几个中国女友呢。当时，作为一名新手治疗师，我在拼命控制自己不爆发，强压着心头的怒火。在那次感觉极为漫长的咨询过程中，我觉得自己一直在结巴。我的常识和反移情保护着我，提醒我把病人转介给更有经验的心理治疗师。20 年后，我会选择不一样的做法吗？也许。但有一件事是肯定的：我再也不会口吃了。

但温和的反移情也可以是治疗师最可靠的工具之一，毫无疑问也是最有效的工具之一。假如病人无法了解自己的感受，也许是进入了解离状态，也许是对某些事进行否认或有所戒备，我就经常体会到这些感情，并抓住它们进行处理，如果时机合适，还可以将反思的结果反馈给病人：听到你这么说，我很明白那种感觉（愤怒、悲伤、困惑、失望等等）。我想知道你是怎么想的，感觉如何？

凯蒂的肩膀开始下垂。她的呼吸更有规律了。她勉强笑了笑，用手背擦擦眼睛。她手腕上沉重的铁链像钥匙一样哗哗作响。

很抱歉你父母把你送走了，我说。

谢谢你，她轻声说。我觉得自己被抛弃了。

要想了解病人对创伤治疗的核心愿望，最初的咨询是很重要的。第一次治疗结束时，我和病人都会评估我们是否能够或想要合作，以及我们的思想、心灵和意图是否一致。通常情况下，我会通过对话来判断自己喜不喜欢病人，能不能想象我们可以合作。我会问问自己，我有没有足够的兴趣，高效地面对病人提出的问题，并将其解决。通常，我都能很好地判断我们是不是合适。虽然我可能对心理治疗框架有特别的见解、知识和经验，但我也会评估我们是否可以合作，以及是否有可能实现成长，挖掘意向，并进行询问。如果在第一次治疗时便建立了足够的联系，如果时间允许，费用也可接受，各方面的条件都可行，我们的合作就可以开始了。就像凯蒂说的，毕竟，我们都是这样做的，不是吗？花钱请人帮忙解决问题。

祝您飞行愉快，空姐微笑着说。她送凯蒂去商务舱，那里都是豪华宽敞的座椅。空姐和凯蒂一样高挑苗条。凯蒂不喜欢这位漂亮的空姐所表现出的活泼、清新、无瑕，忍不住觉得浑身上下充斥着一股想与她一较高下的冲动。这世上就没有愉快的飞行，凯蒂说，请给我一条毯子。

空姐感觉到了凯蒂的冷漠。你还需要点什么吗？她问道，伸手在头顶储物柜拿毯子。

一大杯金汤力酒，谢谢。

凯蒂讨厌坐飞机。愉快的飞行，呸，她又嘲笑道。现在她只能将就，不过只要喝了酒，看电影分散注意力，最后再吞下一两片安眠药，飞行也就不那么难以忍受了。

她把精心修剪过指甲的双脚伸进羊绒拖鞋。因为知道很快就要按要求在起飞前关闭所有便携式电子设备，于是她开始翻看手机上的可爱动物图片。最近，她喜欢上了打着领结、穿着可爱小衣服的腊肠犬，时尚狗狗。她喜欢它们的巧克力色的眼睛，精致的小脸上洋溢着善意。凯蒂想知道，如果她有一个伙伴，一只腊肠犬，她是否能快乐起来。空姐为凯蒂送来了金汤力酒。

谢谢你，凯蒂微笑着说，看了一会儿腊肠犬的照片，她的态度有所缓和。我在考虑养只狗，她一边说，一边把手机屏幕转向空姐。

真可爱，空姐笑道，露出一口完美的牙齿。

凯蒂咕嘟咕嘟地把酒喝掉。再来一杯，她说。

她突然想起了莴苣，以及家人遮遮掩掩的可疑行为。她吞下两颗安眠药，没有就水，药片卡在喉咙里，她很费力才吞下去，眼泪都被挤了出来。她闭上眼睛，回想着第一次心理治疗的情形，然后将手机上的日程簿做了变更，为我们下次通过网络通话软件进行治疗腾出时间。我们都承认，在出发前她只做过一次治疗，虽不理想，却必不可少。凯蒂想知道我多大了，住在哪里，拥有幸福的婚姻还是单身一人，有没有孩子。她想知道我是否喜欢她。

进行治疗大约一年后，凯蒂会向我提出这些问题，我则小心翼翼地挑了一些回答了，以满足她的好奇心，却并未一一作答。

凯蒂系好安全带，想象自己坐在驾驶舱里，双手放在方向盘上。目的地萨拉索塔，参加母亲的特别生日派对。她快速查询了一下飞机上的方向盘叫什么名字，发现是“控制轭”，也称控制轮或操纵杆。凯蒂很清楚她是在分散自己的注意力，好叫自己不去注意翻涌的情绪。就在几秒钟前，她又想起了自己的家人是多么残忍和不屑一顾，他们离开我的时候，我感觉自己被嫌弃了，好像我已经不存在了，就像我彻底消失了一样。

她感到胸口发紧，怀疑是不是恐慌要发作了，赶紧去找飞机专用呕吐纸袋放在嘴边。空姐拿着她的第二杯金汤力酒回来了。我一坐飞机就很紧张，她承认道。空姐蹲在她身边，把手搭在凯蒂座位的扶手上。需要我陪你坐一会儿吗？

不，我不会有事的，凯蒂说，无法接受她职业的好意。空姐站起来离开了。

请关闭所有可携式电子设备，飞机里响起了提示音。凯蒂又闭上了眼睛，听到空姐的命令，她感到既沮丧又安慰。她真希望别人的命令不会让她感到如此满足和安慰。

我们的部分治疗过程将关注凯蒂对环境因素和善意的抗拒。当人们给予她爱和支持时，她努力去相信。她怀疑的是怜悯或支配，而不是友谊或受人关心的喜悦。我们将探讨这种并不友善的善良为何会让她想起早年被遗弃、寄身于寄宿学校的经历，在那里，她害怕彻底崩溃，只好压抑自己的感情。也是在那里她发现，通过竞争来生存，在某种程度上是有效的。这种行为是为了保护自己，但也让凯蒂对爱的纽带心生畏惧，唯恐一旦建立亲密关系，她自己就会变得渺小，遭受挫败。

她又喝了几小罐金汤力酒，便渐渐进入了梦乡，梦见自己在花园的吊床上摇摆，和煦的微风吹拂着她的脸颊。然而，这个梦变得危险重重：她突然被困在了飞机上一个头顶行李柜里。凯蒂感觉到身下湿乎乎的，这才发现这个幽闭恐怖的储物柜里装满了冰水。她抡起拳头敲打储物柜的门，焦虑填满了她的胸膛。她不能呼吸了，忍不住惊声尖叫。凯蒂终于醒了过来，直喘粗气，不知自己身在何处，只觉得被恐惧包围。她试图回想花园吊床的图片，但她的头脑拒绝接受这样的安慰。

凯蒂下飞机时，空姐给了她一个微笑。

谢谢你，凯蒂礼貌地说。

父亲穿着花哨的衬衫和浅色的裤子，在机场到达大厅等她。见他朝自己挥手，爱与恨矛盾的感情在凯蒂心里交缠在一起。他晒得黝黑，面带微笑，双手插在口袋里。他精力充沛，看起来十分放松，这让凯蒂紧张不安。一路飞行过来，她很疲惫，头昏眼花，真希望能吃一块薄荷糖。

你好，爸爸，她说着靠在他怀里，贴着他那柔软鲜艳的植物印花衬衫。

你太瘦了，他说，脸色也很苍白。

他用粗壮的双臂抱住她。凯蒂的身体一接受了他的拥抱，她就情不自禁地抽泣起来。在那一刻，她又成了那个回到家人身边的小女孩，在寄宿学校待了一年，想家想得厉害，还筋疲力尽。她允许自己的身体感受他的温暖。

凯蒂没有按计划在网络通话软件上接受治疗。她只是在我的语音信箱里表示了歉意，说她找不到安全的地方说话。她的信息

乱七八糟的，语气比我记忆中我们第一次见面时更有朝气了。我不知道她还会不会继续接受治疗。

于是我利用这段时间来回顾我们第一次治疗的情形。我很想知道凯蒂是不是改主意了，是否觉得我们之间建立起了足够的联系。也许对她来说，信任一个治疗师，把心里的想法和感受向一个陌生人道出，风险太大了。又或者，她觉得心理治疗根本帮不了她。听她的电话留言，再想想我与她见面的经历，感觉有些割裂，叫人困惑。*也许出现了消退的情况*，我在记事本上这样写道。我还写道：*受遗弃而产生焦虑、兄妹竞争、解离、屈服、对父亲（浑蛋）的愤怒？对母亲？亲密？*

我怀疑自己想得太多了，也注意到了心中的不安。

也许我的不安是一扇窗口，从中可以了解到父母离开凯蒂去海外生活后她的感受。我又困惑地坐了一会儿，看着凯蒂在第一次治疗后发给我的电子邮件，上面是这么写的：*请不要不事先通知我就离开*。

我泡了一壶茶，看着细小的薄荷叶沉淀，分离的念头在脑中浮现。在喝了第二、第三口后，凯蒂的形象出现在我的脑海里：一个走失的孩子回到家里，参加母亲的生日聚会。

她身后落下了瓢泼大雨。

很抱歉，上周没有赴约，她说道。*找不到安静的地方。房子里有很多人，叫人没有安全感*。

庆生会办得怎么样？我问她，又说看到凯蒂继续接受治疗，我感到很高兴，甚至有些宽慰。

庆生会是从露台早餐开始的。有香槟，还有水果，凯蒂说。她亲了母亲的脸颊，说，妈妈，生日快乐，然后把一束淡粉色的玫瑰塞进妈妈的怀里。有了去年的教训，她今年才如此选择。去年，她送的是一束巨大的蓝色绣球花，得到的回应则是，啊，亲爱的，这些花搭配得并不好。

文森特已经在喝第二杯汽酒了，他请来了他的新女友，把她介绍给了家人。他们是一周前在加利福尼亚州做瑜伽静修时认识的。凯蒂立刻喜欢上了她，她比他的上一任女友有趣多了。

然后就到了送礼物和拆礼物的环节。凯蒂选的是一个新手提包和一本精心整理的相册，而在相册前几页的照片里，都没有她的身影。母亲非常激动。

看你们两个多可爱，母亲指着一张模糊的方形照片，咯咯地笑着说。拍照时正是夏天，照片里的凯蒂和文森特在英国吃冰激凌，不过她不记得照片是在哪里拍的。康沃尔郡？还是圣艾夫斯？她不记得了。无论是什么可怕的事，失忆都是一剂治愈的良药，我心想。

对结婚30年的妻子，父亲送的礼物是一块新手表，文森特送的是一条爱马仕围巾。凯蒂的母亲高兴极了。

后来，在聚会上，凯蒂从一个房间转到另一个房间，一边蘸着香芹盐吃鹌鹑蛋，一边和父母的新老朋友聊天。她瞥了母亲一眼，只见她光彩夺目，精神抖擞，满脸洋溢着过生日的快乐。父亲在一边看着，满眼皆是爱慕。凯蒂的衣服是黑色的，长及膝盖，不太紧，父亲还为此称赞了她。你看起来很漂亮，他说，很优雅。凯蒂向他道了谢，心里涌起一阵感激，只是那件连衣裙虽合他的品位，却不符合她的审美。能谈谈我的零用钱吗，她问。今晚不行，凯瑟琳，现在在办派对。去帮你妈妈做虾吧。

他就这样把我赶开，活像我是只流浪猫狗，凯蒂说。

后来，凯蒂在海滩上做爱。这就像饮酒一样，美味，果香浓郁，能给人带来愉悦和极度的兴奋。凯蒂很享受与那个男人的身体接触。他的手臂粗壮，双手虽不如她所希望的那么灵敏，但仍很结实，胸口有一股酸橙味。当时，有一小群人聚集在一起，而凯蒂则光着脚在浅色的沙滩上散步，他不经意地走近她，邀请她加入他们的亲密小组，一起开篝火派对。之后，他们喝了不加冰的伏特加，聊着她虚构的生平和网飞上的最新剧集。她告诉男人她叫黛博拉，来这里看望朋友，要住一两天。他找她要电话号码。当然可以，她说着在他手上写下一串数字，但故意漏掉了最后一位数。她想看看他是否会想办法找出那个数，也想看看他是不是真心想找到并联系上她。她喜欢海滩上的那个男人。

除了陌生人，我不能对任何人敞开心扉，她沮丧地告诉我。

凯蒂回到父母家时，喝得烂醉的文森特说出了一个伤人的秘密：萬苣压根儿就没被送去亚洲。说罢，他喘着气，用手掌捂住嘴。可别让他们知道你知道了，我发过誓永远不会说出去，他傻笑着。他的新女友用询问的目光打量着自己的新男友，也许是怀疑他吐露实情的用意。凯蒂等待着，小心翼翼地不表现出报复心，但当时机成熟时，她的脆弱变成了一颗炸弹，她脱口而出，爸爸妈妈带你去亚洲，因为他们知道没有他们你就活不下去。她喘着气，用手掌捂住嘴。可别让他们知道是我告诉你的。我发过誓永远不会说出去。凯蒂微微一笑。你的外号是什么来着？她停顿了一下，胆小鬼。

第二天晚上，凯蒂开车载着他们五个人沿西海岸去寻找一家好吃的海鲜馆子。那边那家，母亲指着说。

来到餐厅，文森特提出要一张可以俯瞰海滩的桌子。我们的座位都订满了，先生，领班说。

没有桌子了，文森特耸耸肩，转身看着家人。

唉，只有胆小鬼才这样说话，凯蒂厉声道，从哥哥身边挤过去，同时瞥了父亲一眼，征求他的同意。交给我吧。

五分钟后，他们被带到可以俯瞰海滩的座位上。你真是太好了，凯蒂笑着对领班说，父母都大吃了一惊。

坚持是有回报的，文森特，凯蒂说。

在凯蒂住在那里期间，父母都没有对她的生活表现出任何真正的兴趣。他们过着自己的日子，大部分时间都在打高尔夫球，要不就是在购物。母亲坚持要凯蒂放松一下，去晒日光浴。亲爱的，你脸色太苍白了。休息休息吧。

这次回家的最后一天，凯蒂决定下载她最近拍摄的模特照片。她最喜欢的是一张为一本美容杂志拍摄的特写。她喜欢自己的睫毛卷起来的样子，蓝色的眼睛大大的，看起来像辽阔的湖泊。

为什么这里没有我的照片？凯蒂扫视着房间，问母亲。她没有说她数过后发现，在房子的不同房间里，摆着不下五张文森特的带框相片。是什么意思，亲爱的？别傻了。母亲带着凯蒂到走廊，来到楼下的浴室。看！母亲指着挂在几件轻便夹克和外套旁边的一张杂志封面。还有这里，她又说，指着一张凯蒂十几岁的照片，照片里的凯蒂穿着绿松石色的连衣裙，笑容灿烂，照片就挂在浴室的水池和芳香洗手液旁边。我喜欢你的这张照片，她说。你爸爸也喜欢。

凯蒂坐在椅子上向我探过身。把你的照片挂在撒尿和挂外套的地方，可真是有爱啊。她又靠在椅背上，沉默不语。想来她是在思考。

我能看出你有多难过，我说。

并不会，她耸了耸肩，我已经习惯了。

我注意到她很快就忽略了我的同情和关心。

我不相信，我质疑道。我并不鼓励人们去习惯受伤的感觉。

但事情就是这样，她怒叱道。

听起来有点失败主义，我补充道。

她搜肠刮肚寻找反驳的观点，却遍寻不获。

在这里，你不需要压抑、否认或感到羞耻，我说。我们可以研究你的情绪。在这里，我们可以弄清楚你的情绪。

她微微地点点头。

谢谢你，她说。

凯蒂解释说，这次回家，她感到自己格格不入。她觉得自己比实际年龄小得多，就像个小女孩，只有十几岁。成年后的她则被留在了伦敦。我撇下了那个成熟的女人，到父母家的我只是个小姑娘，她大笑道。笑中透着疯狂。

你这样开玩笑，是有问题的，我说。虽然我们谈论了困扰你的问题，比如你的照片挂在厕所里，文森特的照片却多达五张，你变得不再成熟，去父母家的你像个小女孩，但我们还没有处理你所受的伤害。你的幽默只是自我保护的一种办法，用来规避痛苦。

凯蒂看了看自己的脚。如果我不拿这件事开玩笑，我会一直感到难过。要不然，我一定会大发脾气。

但是你有没有发现，在没有悲伤或愤怒的时候，你总是在逃避，不去更加深入地了解你自己和你的处境。幽默可能会在短时间内有所帮助，却无助于治愈你内心中那个受伤的女孩，也无助于治愈父母如何对待成年后的你。

我明白，她说。

一时间无人说话。

沙滩上的男人没有打电话来。至于他有没有试着弄清楚那个缺失的号码是什么，我们永远不会知道。那是他的损失，真的，凯蒂说，声音里带着一丝失望。

我也没有谈零花钱的事，她说，她的情绪变得低落起来。爸爸一旦打定了主意，就不会改变。

我想那会让人很沮丧，我说。

确实令人沮丧，好像我还是个孩子。

你是说这让你觉得自己很幼稚？我问。

是的。无论如何，钱都不能取代我小时候所失去的一切。我很清楚这一点。

听你这么说我就放心了。

是吗？我却不能放心，凯蒂说。我的心痛得要命。

我深吸一口气，清了清嗓子。

往往先有伤口，才能治愈。

治疗性接触本质上是人因事件。在这样的时刻里，两个人亲密见面，探讨关于人生意义的一些最深刻的问题：我是谁？病人可能会问，我到底想要什么？谁会爱我？我值得爱吗？我能用爱回报别人吗？我是否在死死抓着一些其实是需要放弃的东西？我该在什么时候做出选择？面对更有能力的人，我要如何回应？上帝存在吗？家是什么？意义是什么？我怎样才能最好地为我的社区做出贡献，同时还能满足我自己的愿望和兴趣？我怎么才能做到？会受伤害吗？我还能不能自由地去……？

治疗师则会问：你想要什么？你需要什么？你感觉安全吗？假如你按下人生的暂停键，会怎么样？如果身边没有人对你评头论足，你会采取不一样的做法吗？对自己所爱的人，你做得够多吗？你如何在维系独立的同时保持与他人的联系？小时候跌倒，是谁扶你起来的？你相信自己吗？你还记得自己做过什么小小的善举吗？欲望的味道、外观，以及带来的感觉是怎样的？现在，什么会让你觉得有力量？你如何解放自己？如果你现在没有获得解脱，那会在什么时候？

在接下来的12个星期里，凯蒂来接受治疗，每次都会热切地提问。她带来了一个记事本和一支笔，要求我推荐一些对治疗有益的书籍、文章和播客，并表示希望将每周一次的治疗增加到每周两次。她谈到了她分分合合的男友伊森。伊森是一个木匠，用大块的木头制作漂亮的椅子，是艺术品。他会花上几个小时细心雕琢，把他们的椅子雕琢成镂空的。试试看。坐着舒服吗？伊森问。伊森的椅子坐上去向来都很舒服。

凯蒂告诉我，他是个普普通通的人，她能预见到他下一步想做什么，因此感到非常安全。曾叫人厌烦的热情变了，发展成了一种愉快且温和的关系，凯蒂喜欢他们度过的亲密夜晚，喜欢那甜蜜而热情的交融。她态度的转变让我感到欣慰。他占有欲不强，这一点对凯蒂很有吸引力，因为这让她有机会与别的男人发展充满激情却又不会长久的情缘。我们前段时间同意建立一种开放的关系，她说着把头发高高盘在头顶，插进一支铅笔，让头发保持不动。

这对你们两个都行得通吗？我问。

当然。啊……她停顿了一下，扫了一眼天花板。我想伊森更希望我们是只属于彼此的情侣，但我做不到。

做不到？

是不愿意这么做，她很快补充道。

详细讲讲。

我担心他会抛弃我，她说。这让我害怕。

语言不等于事件。它们只是陈述事件。如果一个人一直被一个词恐吓，人生选择也由其左右，那感觉就像处在一个不断重复过去的时间循环中，只能一再盯着最初的创伤。而对凯蒂来说，这最初的创伤便是童年被遗弃的经历。

我明白，我说，但如果你由着自己害怕被人抛弃，那你就会一直觉得自己好像仍徘徊在过往当中，依然是那个 11 岁的女孩，家人去另一个国家安家，你却被遗弃。明白吗？

是的，她点点头。

想要分散注意力，想要逃避，那无论用什么法子，是工作、性还是冰水浴，都非常辛苦。我和你需要重新定义分离和抛弃对你来说意味着什么，否则你继续逃避治愈自己，就会一直感觉自己受到桎梏。

我该怎么做呢？

比方说，要消除与某种特定感觉相关的痛苦，那就要尽最大的努力去感觉那种痛苦，向它靠拢，知道只有在你防范的时候，它才会产生影响力。我相信，没有什么感觉，比如你害怕被抛弃，或者想象自己被抛弃，比你逃避的行为更能伤害你。

她顿了顿。

明白了，她小声说。

凯蒂还风趣地谈到了不同的职业：店主、作家、设计师、花商、摄影师、营养师、替人遛狗或驯狗、厨师。

你是怎么当上模特的？我问。

进入这一行，纯属意外，她边检查自己的指甲边说。有个周末，我在拓扑肖普店里试牛仔裤，就这样被人看中了。我当时只有 17 岁。我会滑雪，会骑马，还会玩滑雪板，这对我很有帮助。模特经纪公司喜欢运动模特，除了漂亮，还要有点别的能耐。

她决定进一步探索对烹饪和营养的热爱，并充满激情地谈论康普茶，结果在接下来一周的午休时间，我不由自主地从全食超市买了几瓶康普茶。红茶菌是什么？我问，也盼着像她那样充满热情。

它代表细菌和酵母共生菌体。

不知道为什么，我请求她教教我，于是她便给我讲了起来，讲解的时候精力充沛、精神饱满。

到了下周治疗的时间，凯蒂给我带来了一瓶自制的草莓康普茶。瓶身上贴着十分可爱的标签，她还花时间在上面装饰了一些小草莓贴纸。

我不确定是不是可以给你这个，她说着害羞地垂下眼，但我想你可能愿意试试。是我自己做的。

对于来自病人的礼物，是心理治疗师经常讨论的话题。一些治疗师声称，让送礼物这事充满情色意味，可谓极富意义，因为它与力比多有关。礼物通常代表着爱和感情，而在诊室里，这二者并不总是能通过语言表达出来。多年来，病人多次提出要送给我礼物。有些我婉言谢绝，有些我欣然接受。接受的原因则是基于感觉、临床了解和与病人的联系，我更喜欢患者找到合适的语言来承认和表达他们的感受，而不是送礼物。

谢谢，我接过凯蒂的康普茶说，我喜欢草莓。看看你花时间做的标签，多可爱。

希望你喜欢，凯蒂微笑着，有那么一会儿，我看到了小时候的她，渴望亲密的关系，大胆尝试去建立联系。

我们还讨论了应对她焦虑的策略，我鼓励凯蒂此时此刻就反思她在日常生活中的问题。我解释说，不断地做计划，总是忙个不停，回避感情，用这样的办法专注于未来，只会让她一直焦虑下去。我们也谈到了这个连续体的另一端，当一个人时时刻刻都活在过去，那等待他的只有抑郁。这是一个相当简单的解释，我说，但我希望通过鼓励凯蒂更多地活在当下，进而能够解决她对情感的恐惧。

凯蒂猛地拿出手机，就像从枪套里掏出手枪一样，从众多冥想和正念应用程序中下载了一个。我注意到她迫切的渴望，活跃而有力，我对此非常满意。

下载完应用程序后，她把手机转向我。搞定了，她肯定地说。

很好，我说，感觉到认可和称赞非常重要。凯蒂是一个反应积极、乐于接受的病人，但我想知道，在欣赏她的意愿和治疗进展时，我是否与她共谋了。我的所作所为，是不是和前人肯定“好学生”所做的一模一样？至于答案如何，只能走着瞧了。

在治疗时间里，凯蒂谈到了她对外界认可的渴望，她称之为温暖的凝视。这让她觉得自己被需要、被接受、被关注。这一切均始于她在家与父母相处的经历，后来则与舍监和寄宿学校的其他女孩有关，她们称赞她在曲棍球方面的天赋，再后来则是老师、教授、男朋友、情人、模特经纪人和摄影师。凯蒂喜欢他们的关注，喜欢他们投来的目光。她内心的那个小女孩渴望归属，渴望被人看见。虽然我很想让凯蒂在心里自己认可自己，而不是受外界意见的支配，但我注意到，培养自爱和接受，需要时间和自律。

凯蒂又刷了一会儿手机，眼睛紧紧盯着屏幕。她没有说话，眼神很专注。

还记得我跟你说过我的“快乐”相册吗？她轻声问道。

记得。

我还有其他相册。

是吗？我问。

那些照片让我激动，让我悲伤，让我震惊和兴奋。有时候，我会走神，我现在知道那是解离状态，比如我正在做模特工作，需要去感受和表演，我就会去看手机里的图片。我有时会忘记什么是有趣、兴奋、性感或平静的感觉，但当我看到穿着超级英雄衣服的猫，或在海洋里游泳的鱼，就有助于我重新掌握自己的情绪。

我明白了，这么说，有个参照点对你很有帮助？要是不看那些图片，就不会有通过图片获取的情绪？

没错，她说。

一时间无人说话。

我看见她双眼湿润。

还有一个相册，她试探性地补充道，眼泪无声无息地滑落。里面大都是我的照片。

你的照片？我好奇地问道。

她点了点头。我给这个相册取名为《孤独》。

获得认知，便是解放。自我认知则是情感的解放。有了这些影像记录和对自己的了解，凯蒂允许我见证她的脆弱。

病人如何信任别人，背叛如何让我们害怕亲密关系，欲望和性对个体意味着什么，遗弃和失望如何影响自我价值，以及我们如何通过治愈再次敞开心扉，这些都是心理治疗过程要面对的问题。咨询室里的亲密关系见证、支持和参与了情感解放的独特时刻。

谢谢你和我分享这些，我说。

我很矛盾，她说。一方面，我觉得自己被看到了，想要相信你，但另一方面，我也在考虑我什么时候可以不再治疗。因为如果我对你产生了依恋，你可能会离开我。

我想，相信一个人要冒很大的风险，我说，但也许值得一试？

我很矛盾，她说。我想要我的家人看到我，尤其是我父亲。但代价是什么呢？

问得好，我说。让人们看到“你”，而不是你所有的成就，也许对我们来说是个很好的开始。我喜欢称之为“由内而外”。

由内而外？

如果我们在这里，在你的治疗中解决具有挑战性的感觉，那么对来自外界的具有挑战性的感觉，你可能会觉得更放心、更安全。我突然想到，在寄宿学校期间，你没有家供你安全地探索自己的种种情绪。于是你只好转向冷水澡、竞争和控制饮食。我希望我们能在这里尝试一些不同的方法，就把这里当成一个潜在的安全基地。

我喜欢这样，她大胆说道。

我们沉默下来。

不知道能不能在你的手机里再添一个相册？我说。

她在椅子上向前探身。添什么？

《联系》，我笑着说。

治疗六个月后，我和凯蒂的关系第一次出现了破裂。为了尊重她离开前务必事先通知的要求，我提前三周通知她我要去度假，但我面对的却是她的敌意和自我辩护。

凯蒂迟到，还取消过两次治疗。她又使用起了以前的生存策略，比如无视、否认和竞争。

我想暂停治疗对我有好处，她厉声说。眼不见，心不烦。你回来后，我也会离开两个星期。我完全忘了你下周要去度假。

对我去度假这事，也许你很难接受，我说。

我不记得自己有需要休假的时候，她嘲笑道。但我想你的工作一定很累。

我没有理会她的借机抨击，只是问，你对假期不感兴趣？

一直到最近，假期于我而言都只是一个机会，让我可以做一件我本该时时刻刻都拥有的事，那就是和家人团聚。在度假期间，我刚开始感觉到了安定，就又到了离开的时候。所以假期并不愉快。它们提醒我，我很孤独。

我借此机会告诉她过去的事会影响现在的感觉，我还说，我想知道我去度假这事儿，是否会引发同样的感觉。是不是等我走了，你又会感觉自己孤苦伶仃？

她把目光移开，眼里噙满了泪水。

你这一走，我感觉自己就像遇到了小小的死亡，她说。

凯蒂回忆起自己和家人在康沃尔度假的情景。我当时一定是九岁，不，也许是十岁吧，她说，惊讶于直到现在，那段记忆竟然遭到了遗忘，被抽离了出去，不过这是可以理解的。

我记得你为母亲庆祝生日时，提到过一张你和文森特吃冰激凌的照片，我说，我好像记得你说你母亲觉得你们两个都很可爱。

有吗？凯蒂困惑地说。她顿了顿——啊，是的，我说过，她慢慢地说，眯起眼睛，还点点头，我忘了。

无论是什么可怕的事，失忆都是一剂治愈的良药，我说。

那是我被送到寄宿学校之前，我们全家一起度过的最后一个假期，她回忆道。我记得我们吃完冰激凌后都走到海滩上。我和文森特决定去海里游泳。但文森特吓坏了。我以为他是在闹着玩，所以他明明告诉我他办不到，我却没有理会。我游回海滩，转身看去，他却不见了。妈妈和爸爸叫来了救生员，还很生我的气。原来他被冲到了海岸线远处，当他摇摇晃晃地回到我们身边时，已经吓得失控了。显然，这是我的错。我是个游泳健将，大家都认为我能保证他的安全。第二天他们告诉我要送我去寄宿学校。我忍不住觉得这是对文森特遇险的惩罚。

我知道我接下来要说的话像是在提问，我说，但有没有可能你把分离和抛弃与做“错事”联系在了一起，比如别人觉得你应该保证文森特的安全？

是的，因此，我才彬彬有礼，才会道歉，想用这样的方法来纠正错误。我害怕遭到别人的嫌弃。

就像你在片场拍照片那次吗？我问。

她点了点头。

人们总期望我成为强者，她又说。但这很累人。

当然，这是肯定的。这是一种二元的情况。你很坚强，文森特却很脆弱，至少故事是这样的。你提到过你父母认为文森特没有他们就活不下去。后来你很不客气，说他是个胆小鬼，我说。

你是站在哪一边的？她大叫道。

我从不会偏袒哪一边，我冷静地说。她立即变得很有攻击性，有那么一瞬间，我看到了她是多么害怕，多么自我保护。但我相信应该探索过去如何影响未来的行为和信念。虽然过去不能定义我们，但往往会重现，除非被理解。在我看来，你在一定程度上倾向于相信文森特是个弱者，如此一来，即便你父母带走他却抛下你，你也可以保护自己不因此受到伤害。

是的，她承认，我并不想这么残忍。他是很脆弱，却不是胆小鬼。

凯蒂继续把我们的分离说成是小小的死亡。

但我现在知道你会回来，她笑着说。

在治疗大约一年后，有一段时间，凯蒂陷入了深度的抑郁中，

那时，孤独的感觉折磨着她。她对我说，药物已经不起作用了，这意味着以前的生存策略，如性、购物、疯狂工作和整日打PS5，再也不能帮助她摆脱会造成严重后果的孤独感。她不再洗冰水浴。晚上临睡时，她会在香喷喷的浴缸里洗热水澡，并享受其中，而不再是苦苦忍受。在过去的一年里，她甚至添加了各种入浴剂，比如芳香泡沫剂、薰衣草油、盐，并享受那令人感到温暖的香氛。她经常都要在浴缸里泡上几个小时，水凉了就加热水，她觉得这就像温暖的拥抱。她在浴缸里读书、听播客、和伊森下棋，甚至考虑把电视机搬进浴室，后来才意识到这么做并不安全。

有时候我觉得我会一直感到孤独，她说。

感觉孤独，和现实是否孤独，还是有区别的，我道。

伊森希望我们能住在一起，她说。

是吗？

你觉得我应该同意吗？她问。

你想搬去和伊森住吗？

我在一定程度上是愿意的。但我内心深处也很害怕。如果他搬进来又走了，我会更孤独。

孤独的感觉不会毁掉你，凯蒂，我说，没有什么感觉是一成不变的。但如果我们生活在对“万一”的恐惧中，那就什么也改变不了。明白吗？

凯蒂直视着我的眼睛。

你确定？真那么肯定？我很害怕。

亲密和依恋会让人感到恐惧，我说，但如果你回避这些感觉，那么在做人生选择时，你只会考虑恐惧，而不是自由。

语言不等于事件，她说。

完全正确。

三个月后，伊森搬进了她的公寓。他们决定把墙壁刷成不同的颜色，也就是“大象呼吸”中性灰色[1]，再添加一些淡雅柔和色调的柔软家具。他们选了几幅画，买下后挂在了家里。伊森还做了两把椅子，凯蒂很喜欢晚上和他并排坐在一起，最后，她会爬到他的腿上，蜷缩在那里，像胎儿一样，感觉心满意足，像一只熟睡的小猫。

我终于有了家的感觉。

家不是房子，而是住在里面的人，我说。

说得太对了。

在对凯蒂进行治疗的三年多时间里，我们探索并深入了解了她的焦虑所具有的影响力，以及带来的痛苦。按照儿科医生兼心理分析学家唐纳德·温尼科特的理论，家是我们的起点。考虑到这一点，我很好奇，并决心与凯蒂一起探索她对父亲的愤怒和无能为力，而在她眼里，父亲不再是那个浑蛋，她与父母之间发展出了一种不同的关系，她不再做顺从、尽职、成功的女儿，反而展现出坚强、敏感而又脆弱的成年女人的面貌，她不被自己的过去定义，正在治愈往事带来的伤痛。

1 原文为“elephant’s breath”。——编者注

在早已过时的英国中上阶层文化中，孩子们很小就去上寄宿学校，早早与父母分离，是常有的事，也已普遍被人接受。这就像一幅描绘着痛苦分离的蓝图。凯蒂便经历了这种分离，觉得自己遭到了遗弃，而父母决定带她哥哥去亚洲后，她感到自己被抛弃了，这种感觉就更强烈。凯蒂在儿时花大部分时间来控制自己，不允许自己悲伤。对这么小就被迫离家的孩子，人们都会鼓励他们要勇敢，在某些情况下，甚至还要他们心存感激。人们还会鼓励他们转化这种损失，转而相信这对他们有好处，相信寄宿学校能培养品格。对凯蒂来说，与家人的分离在很多层面上都是创伤。她相信自己“不如”别人，并为这样的感觉所伤害。于是她自己编纂了一个故事，在这个故事里，她不被爱，不被需要，她必须不惜一切代价，取得很高的成就和成功，才能被人看到。可是凯蒂觉得自己并没有被人看见，当模特的时候更是如此。

在一个陌生的群体里，只有一张照片和一只泰迪熊作为安慰，这对凯蒂来说非常可怕，也很叫她困惑。此外，她知道哥哥住在家里，而她一年只能回家一两次，心爱的宠物兔子也死了。即便她的父母解释说把凯蒂送到寄宿学校是为了她好，也没有任何意义。这话只会令人心碎。

凯蒂的父母只关注她的学业和自立，很少试图抚慰、治愈或谈论凯蒂的孤独、失落、创伤和恐惧。于是凯蒂自行磨炼出了生存技能。她成了曲棍球比赛的有力竞争者，成了很少生病的优等生，成了父母眼中奋发努力、有决心又很勇敢的年轻女子，成了无畏的旅行者和旅伴，成了充满激情的情人，卧室体操好到能得金牌，成了当红的时装模特，后来又成了高度投入、非常努力的病人。

后来，凯蒂的愤怒让她继续受伤害，哪怕她一直在伤害中挣扎求存，得到的治疗却是有限的，因为她在不断地重复以前的行为。她现在的渴望集中在加强核心自我上，如此一来，感情便不会被冰水麻痹，而是能得到承认，她将拥有那些感觉，并去感受它们。她接受了一个现实：即便拥有复杂的感情，她也不会崩溃。

在经历了长达18个月的抑郁期后，凯蒂终于能够为失去她渴望已久的童年和家庭而悲伤了。父母把她送到寄宿学校，此事至今仍令她痛苦不堪。这是无法逃避的事实，虽然她承认了这给她造成的痛苦，以及由此引发的兄妹之争，但凯蒂选择不让它定义她是谁，以及她现在做出的人生选择。

父亲削减凯蒂零用钱的一年以后，她写信给父亲，表示希望不再每月领零用钱，她渴望有能力去面对她最害怕的事：控制和拒绝。这对凯蒂产生了直接的影响，这个决定给予了她广泛的自由，让她得到了彻底的解放，她不再感到亏欠别人，也不再害怕别人拒绝给予她某些东西，或从她那里夺走一些东西。在治疗结束时，凯蒂和伊森依然在一起。他们的关系越来越像夫妻，凯蒂依然挣扎于是不是要只有我们两个，但她不再觉得他的爱和承诺热烈到叫人厌烦。恰恰相反，她说，他爱我，我也爱他，这是真心话。

我的身体，由我掌控

愤怒一喂饱就马上死去——
是饥饿让它发胖。

——艾米莉·狄金森（1890 年）

曾经，她很喜欢花花绿绿的毛绒爱心熊[1]，喜欢穿啦啦队裙。她的爱好很简单，热衷于收集各种造型新奇的橡皮、椰菜娃娃[2]和杜兰杜兰乐队[3]的海报。她梦想着有一天能够成为一名发型师。可就在她过完九岁生日没多久，噩梦开始了。继父的到来让她的童年陷入了黑暗，她说，*他不仅伤害我，还喜欢看我哭*。

于是，吃东西成了她的发泄方式。在痛苦的驱使下，她走向了冰箱、橱柜和食品储藏室。她最喜欢甜食，尤其是小巧又甜腻的食物，她可以一整个塞进嘴巴里，快速地咀嚼，疼痛也随之消失。她专注于咬扯、咀嚼和吞咽，这样可以帮助她从情绪中抽离出来，没有精力去思考继父为什么如此厌恶她。吃这件事让她的大脑得以放松，只要她不承认自己受到伤害，她就不会痛苦。但她并不完全信赖她的"食物朋友"。*手指*，她对自己说，*比食物更可靠*。就这样，她伸出食指和中指，捅进喉咙里，让她摆脱痛苦，而只要有一点机会，这些痛苦就会被消化，但也证明了现实有多悲惨。

按照她的要求，我们要用以字母 N 开头的名字称呼他，因为

1 1983 年起美国流行的一系列动画片的主角。——译者注

2 美国奥尔康公司推出的一款热门玩具。——译者注

3 英国超级乐团。——译者注

继父的真名就是以N开头的，所以下文称其为尼克[1]。*但现在我真的无所谓了*，她说，*反正他已经死了*。在她17岁那年，52岁的继父因心脏病去世。*他死得太容易了*，她厉声道。她只希望继父多受些苦再死，让死亡摧残他的意志，折磨他的心灵，就像她曾经承受的一样。关于她的复仇欲望，后文会再做讨论。现在，我们来认识一下她，她的名字叫作露丝。

露丝第一次打电话来预约心理咨询，显得有些拘谨和尴尬。排在她前面的人很多，我的时间都被约满了，但她缓慢、安静的声音和小心翼翼的试探引起了我的注意。我给露丝发了信息，提出约在下周见面。*如果时间合适，请告知我……*

收到这条确认预约时间的短信时，露丝正在扫描一位顾客选购的商品。露丝工作的超市不允许员工在商场内使用手机。她感觉到大腿上传来酥酥麻麻的振动，但她以为是妹妹伊芙，或者约会了不到一年的男孩亚伦。等到露丝让顾客在机器上输入卡号时，她才想到可能是昨天联系的心理医生发来了回复短信。露丝并不习惯收到回复或者被人注意到她的存在。有的时候，她甚至觉得如果她彻底消失了，也不会有人注意到。

看着身着宽松棉质工作服的超市工作人员排成一排，露丝的内心感到很平静。她喜欢看到所有人都打扮成一个样，尽管发型各有不同。坐在收银台后面让露丝有机会把自己的身体藏起来。镜子里的她身材变形、臃肿和肥胖。*镜子*，她在第一次心理咨询

1 即Nick。——译者注

时告诉我，就像叛徒一样，一直在撒谎。我一点也不相信镜子。

露丝很享受扫描货品的过程。流程已经固定好了，包括开头、中间和结尾，只是机械地重复，简单干脆。偶尔，她会和顾客谈论天气或者某种她从未见过的食物，抑或各种节日的促销活动。通常，顾客是不会抬头去看露丝的，真的不看。毕竟，她只是一个中年妇女，长相普通，更无魅力可言。她只会含羞站在柜台后小声和对方交流。顾客忙着打开篮子准备扫描，顾不上瞧她一眼。我喜欢这样，说到这里，她耸耸肩。

我很快了解到，露丝有时很羡慕在购物篮和手推车里堆满昂贵食品、化妆品和葡萄酒的顾客，他们并不在乎高昂的价格。她看着他们一口气买两件、三件同样的东西，甚至更多，然而她自己一个月只买得起一次这样的商品。她希望能像他们一样自由，不必等到晚上去冰柜里挑选打折的商品。当她不得不拿起自己并不想要的奇怪食物时，羞耻感会顺着指尖蔓延全身。

肚子一饿，她的情绪就会因为放在收银台传送带上的甜食而起伏。当食物被传送至装袋区时，她会迅速地扫描这些食物，试图忽略它们的存在。她说，保持饥饿是为了尊重和不忘她曾经的挣扎。后来，她解释了这样做的理由，我吃饱了就会变胖，也会忘记我的愤怒。听她这样说，我既难过又深受触动。

趁着午餐的休息时间，露丝赶紧查看手机消息。大概几分钟后，她感受到了一连串的复杂情绪：宽慰、恐惧和怀疑。因为她不认识的人竟然拨冗回复了她的信息。她把手伸进棉质工作服的口袋，拿出一块又厚又黑的巧克力，撕下容易破裂的箔纸，用力地塞进嘴里。不到一分钟，她就把嚼过的巧克力吐进了马桶里。她让胃部没有负担，之后，她拿出了手机。这时，她的脑海中出现了两个声音，一个嘲笑她弱小无能，一个告诉她，自己的确需要帮助。*嗨，玛克辛*[1]，她开始输入文字，*谢谢你的回复，期待下周五 7：30 的见面，露丝，×××*。紧接着，她又编辑了一条短信：*另外，很抱歉，上一条短信的最后我加上了 ×××。如有冒犯，请多包涵，露丝。*

✦

上午 7 时 30 分。

她来了。身材娇小，像流浪汉一样，四十多岁，背着一个鼓鼓囊囊的背包，垂着一双棕色的大眼睛盯着地面。我猜想那背包肯定很沉，所以我请她入座，并建议她把背包放到一旁。其实，在看见她本人之前，我先看到的是那个背包，但或许这就是她的目的。露丝没有像我想的那样把背包拿开，这让我略感不适和恼怒。*她为什么要这么做？*我心想。*坐下来还要背着这么重的东西？*我很快就会发现，这个问题和接下来的谈话息息相关。但此时此刻，当我看着露丝把自己的身体挪到座位边缘时，我还是无法理解她那尴尬的姿势。

谢谢你抽出时间见我，她开口说道。

我注意到露丝的双脚向内勾着。笨重、死气沉沉的衣服像是

1　本书作者的英文名。——译者注

为了故意把自己伪装起来或藏起来而穿的。她迅速拿出她的钱包，一个带有金色扣子的棕褐色小包，将其紧紧握在手中。需要我现在就付钱吗？她问道。我之前做过十周的心理咨询，但用的是医保，不用额外花钱。

都可以，随你。我向她说明，我的工作比较灵活，费用也会相应地调整。最后，我们确定了咨询的费用。

好的，谢谢你，她笑着回道。终于，她扭捏着放开沉重的背包，然后慢慢地坐回椅子上。

我很想知道你为什么想要重新开始接受治疗。

她把钱包放在大腿上。我需要帮助，她说。露丝说，她想要变得更好，对自己这个人和自己的身材更有信心，因为她遇到了一个男人，她真的很喜欢他，甚至可以说是爱他，我不想把事情搞砸，现在不可以，以后也绝对不可以。大概一年前，我在酒吧遇见了他，他的名字叫亚伦。

你说你可能爱上了他，我回道。

她点点头，是的。说着，她低头看向自己的背包。但就像我说的，我担心自己会……

她抬起头看向我。

把一切搞砸？为了让她知道我一直在认真倾听，我连忙补充道。

没错。

为什么这么说呢？我问她。

她叹了口气。我的问题太多了，我都不知道该从哪里说起。

露丝相信苗条的身材可以解决一切问题：那样她就能得到喜欢和爱，有能力融入这个社会。她觉得镜子是叛徒。镜子里都是假象，我一点也不相信镜子。社交媒体也会加重她的焦虑。现在的她已经达到了目标体重，但为什么现在的我更加不开心了？她告诉我，因为缺乏安全感，所以她暴躁易怒，每每亚伦不回她电话，她就会发疯。我的情况似乎越来越糟，说到这里时，她哭了。我只想做个正常人。

我观察到，露丝虽然有四十多岁，但她看起来或感觉上会小一些。我再次注意到她的衣服，蓬乱不堪，而且对她瘦小的身躯来说太大了。喇叭牛仔裤，运动鞋和扎染连帽衫，学生才这么穿。

你认为什么才算正常？我问道。

男朋友交了新朋友或者没有及时回电也不会抓狂。能做自己。露丝说，她工作时戴的面具与她和亚伦在一起时戴的面具不同。露丝和妹妹在一起时，会戴上另一副面具。当她在深夜和有怪癖的陌生人网聊时，她又戴上了不同的面具。

或者现在下定论还为时过早，我说。

是的，说着，她把眼睛眯成一条线，我还在观察你。

我开始回想上周和我通电话时那个犹豫不决的露丝，那条致歉的短信，还有因为提前到场而不好意思的露丝。我发现，现在和我坐在一起的露丝其实是有脾气的。

你说你在观察我，有点意思，我说，这会让你产生安全感吗？

我想是的。

你觉得什么会伤害到你？我问。

她对我的问题不屑一顾。我不知道，我只是不会轻易相信别人。

建立信任是需要时间的。我同意露丝的观点。

我从不轻易交朋友。她开始说，我被伤过几次。而且我的饮食有很大问题。你可能猜到了，我有很多秘密。我觉得亚伦会离开我。我的睡眠不好。我唯一在世的家人，也就是我的妹妹伊芙和我相处得并不愉快。很多时候我觉得自己疑神疑鬼，我怀疑我的邻居是个彻头彻尾的浑蛋。

我没想到她竟说了这么一长串。但这也很有趣。我欣赏露丝，她坦率、积极地寻求治疗。即使她从不轻易相信别人，她还是吐露了她的挣扎，并且告诉我她有不为人知的一面。

她一边打量这个房间，一边说，但我想我真正想谈的是我的饮食……

她停顿了一下。

我从来没有去看过医生，也没有确诊饮食失调，但是我的饮食很有问题。

能展开说说吗？我问她。

要么暴饮暴食，要么一点也不吃。

吃完之后还会吐出去吗？我问道。

她点点头。有时甚至一点也不吃。

这种情况有多久了？我又问了一遍。

很久了。

小时候就这样吗？

从青春期开始，她说，所以，断断续续——她顿了顿——也有三十多年了吧。

露丝第一次催吐是在她13岁生日那天。那是1986年的春天。我就知道会有这么一天。她很熟悉糖果的味道，每当吃到甜腻的糖果、果子露和蛋糕，嘴里的味道会持续很长时间。她告诉我，她的身体开始发胖，但我不喜欢这样。母亲问她生日想要什么样的蛋糕。露丝回答说：巧克力！要有巧克力屑和巧克力糖衣！母亲吻了吻她的头。就要巧克力啦，她笑着回道。

心情不好的时候，露丝会怀疑母亲想把她养肥，让她变丑；心情好的时候，当她不平静的大脑稳定、放缓、安静下来时，她会思考之前的想法是否正确，而不是一味地恶意揣测。还有的时候，露丝想知道母亲是否感觉到尼克轻浮的目光和骇人的凝视。她是否知道并选择忽视他放肆的眼神、不断的威胁和可怕的残忍？对她来说，这个男人怎么会比女儿的安全和健康更重要？她为什么不保护我？她真的在乎我吗？露丝质问道，问完这些问题后，她又描述了很多令人不忍去想的画面：把被沸水浸透的勺子压在她的皮肤上；清早隐秘的、习惯性的折磨；把肥皂塞进她的嘴里；一拳打在她的腰上；随时可能发生的性暴力（但万幸的是从来没有真实地发生过）；他的手强行穿过楼梯栏杆，猛击她的脚踝；她的手被压在厨房的桌子上，他拿起一把刀，用力地、快速地在她颤抖的手指之间戳来戳去。

深呼吸，要冷静，我在心里低语。

在她生日那天，露丝问自己，尼克做这些事是不是因为她并非亲生？是不是因为她的存在时刻提醒着他另一个男人的存在？在他之前的那个男人，也就是她的父亲——尼克认识他。她担心他对她的仇恨会越来越深，因为他可能会认为，13 岁意味着我已经是青年人了，因此有足够的能力像成年女性一样来承受他的怨恨和残暴。露丝看不到出路。她的父亲早已离开，而且再婚了，他在数英里之外的英格兰北部的某个地方组建了新的家庭。尼克总是恐吓她，现在就剩你自己了，你爸早走了，他不要你们娘儿俩了，他有了新家。你妈妈现在爱的是我。你要是敢惹我，或者告诉你妈妈，我就……

尼克从来没有说完下半句。从来也没有，一次也没有。露丝说，但不知道为什么，不说完比说完还要可怕。我想到了各种可怕的后果。母亲难道没有发现他是这么残忍的一个人吗？她没有发现他一直在控制我、折磨我吗？她居然对他暴虐、变态的行为视而不见？

在问出这些问题时，露丝试图唤醒过去那段痛苦的回忆。质问代表着她没有忘记他对她做了什么。我就是控制不住，她说，接着问道，他做这些残忍的事情是因为恨吗？还是只是因为他可以这么做？露丝还想知道，他的童年到底经历过什么？他会为自己的所作所为感到懊悔吗？内疚？羞耻？他会鄙视自己吗？

露丝知道，这些问题永远不会得到解答，现在不会，永远都不会，毕竟她的母亲和尼克早就不在了。她希望尼克死后会因为生前的恶行而下地狱。得知他命不久矣的消息时，露丝已经 17 岁了，她希望他是真的快死了，但也因为他不曾道歉而感到愤怒，他应该说：我为我的所作所为感到抱歉，小露，对不起，你能原谅我吗？

*如果他一时半会儿死不了，他会为自己曾经的言行而忏悔吗？*她继续问道。如果他得了癌症、肾衰竭或帕金森病，*那么我坐在他的床边看着他咽气时，他会说对不起吗？*

露丝的第一次治疗结束后，我做了笔记并进行反思。我的心情异常沉重。我闭上眼睛，缓缓吐气，试图感受她无尽的挣扎。露丝还提到：*但我真正想说的是饮食问题*。我认为我们应该从这一点切入。饮食问题是饱受已故继父虐待后留下的众多症状之一，也代表着她重拾自信的决心。

我打从内心深处希望帮助露丝，我认真倾听并观察我的病患。听过她在童年早期经历的创伤以及这种创伤对其生活的持续影响，我的情绪十分激动，也为她不平。于是我写下这些话：*管理、控制、坚持、关怀*，然后，*露丝还需要什么？*我怀疑她对自己的挑剔和苛待应该源自一切痛苦的根源：尼克。

我也认识到，要让露丝产生安全感，她才能清醒地意识到她曾经遭受的虐待是问题的根源。她是幸存下来的受害者，需要被发现、关注和理解。我告诉自己，要再具象一点，要抓住问题的关键，要让她放下、向前。当然，这需要时间。

✦

在接下来的六个月里，我和露丝花了很多时间想象一个曾经让她深陷痛苦、恐惧和折磨的男人会怎样向她道歉。露丝给年轻的自己写了一封信，希望能够走出他的阴影。她说，我看过一些书和杂志，上面介绍了和我有类似经历的人是如何关注自己的内心世界，并和过去的自己交流的。听起来还不错。

她紧紧地握着那封信。我真想让我母亲看看这封信，她说。露丝问我能否大声地读出来，说不定她的母亲能够听见，并明白真相。

尼克死后的几年里，露丝多次希望告诉母亲尼克的暴行。她甚至在他去世后买了一个日记本，写下他的所作所为，放在她的床头柜上，盼望着有一天母亲会好奇地去窥探。做母亲的怎么会不想看女儿的日记呢？露丝说。怎么会？

也许她尊重你的隐私。我劝道。

呸！我看是她根本不想知道。只要看到了或者知道了，就不可能坐视不管吧？对吧？

好吧，我说，你提到你的母亲是在尼克心脏病发作的10年后去世的？

是的，癌症，走的时候56岁。

你从没和她谈过尼克的事吗？没告诉过她他是怎么折磨你的？

没有，从来没有。他死了以后，她也没看出他有什么不对。

我和伊芙以前都叫他圣尼克。如果我们想谈论他有多卑鄙，妈妈就会转移话题，说得到他的照顾是我们的幸运，她会说他比我的父亲还要好。

你一定很痛苦吧，没有办法把尼克的事告诉母亲。这就是为什么你想大声地公布尼克的暴行，希望你的母亲能够听到。

是的，我不想破坏她的白日梦，夺走她以为是爱的东西。我们很少单独在一起，尼克或者伊芙或者他们的朋友总是陪着她，一起出去玩。所以他死了以后，她彻底崩溃了。几年后，她被诊断出患有癌症，如果告诉她尼克的真实面目，我感觉太残忍、太自私了。似乎也没有合适的时间和她说话。

一时沉默无声。

我想现在读一下我的信，她说。你什么都不用说，听我说就好，拜托了。

经过八个月左右的治疗后，露丝说她想分享一段记忆。你能听我说吗？和我写给年轻时的自己的信有关，她说。

再一次，我聆听了她的故事。我知道，露丝渴望被倾听、被看到和被理解。她的好转非常明显，她的沉默变成了语言和行动，她完整地回忆起当初的情景。

1986 年春天。

生日快乐，小露，哈哈！母亲唱了起来，接着，她举起了一块巧克力蛋糕，上面点着 13 支细蜡烛，散发出温暖的橙色光晕。

尼克靠在厨房门口静静地看着。突然，露丝三岁的妹妹伊芙推着她的木制助行架出现了，撞在他的腿上，咯咯笑了起来。小猴子！他一边说，一边把她抱起来挠她的肚子。伊芙笑嘻嘻地扭动着她的小身体，她喜欢被人抱着。祝你生日快乐，他们开始唱歌，祝你生日快乐，母亲走到餐桌旁，祝亲爱的小露生日快乐，她把蛋糕放在餐桌上，祝你生日快乐！大家开始鼓掌。露丝俯身吹气。但正当她想挪近一点时，尼克冲了过来，抢先吹灭了蜡烛，笑得前仰后合。

尼克！母亲喊道。

别怪我，是她干的！他指着伊芙大笑起来。

庆祝的气氛被搅乱了，露丝哭了。

好了，宝贝，来吧，再点燃就好了，母亲一边说，一边手忙脚乱地寻找火柴。

不用麻烦了！露丝厉声说道。

嘿！尼克用空着的那只手指着露丝，别用那种语气跟你妈妈说话。说着，他把伊芙放在厨房的桌子上。妹妹被熄灭的蜡烛冒出的烟迷住了，烟雾像精灵那样消失。她猛地抓起一块蛋糕塞进嘴里。

哦，伊芙，别这样，母亲无奈道，试图阻止埋头大吃的伊芙。尼克，你为什么这么做？火柴呢？

不知道，他说，你把它们放哪儿了？

就在这里啊，总不可能凭空消失……

露丝知道火柴在哪里，就在他的裤子口袋里。她擦干眼泪，幻想着一刀插进他的身体，捅进他的胸膛。她在电影里看到过类似的画面，就是尼克晚上看的恐怖电影。看电影时，他的手边还摆着六罐嘉士伯啤酒和一包薯片。

好了，我得去上班了，不然要迟到了，尼克说着，和露丝对视了一眼。我回头再给你礼物，小露，好好玩吧！

突如其来的惧意让刚才那把刀霎时间偃旗息鼓。尼克戴上帽子。回头见，他喊道。

见你个大头鬼，母亲一边点头一边生气地回道。

别担心，亲爱的。来，把刀递给我，说着，母亲把伊芙从餐桌上抱了下来。我去泡杯好茶，看，这是你最喜欢的巧克力蛋糕。

露丝走向客厅，拉开窗帘检查尼克是否离开。等他的警车开走后，露丝的情绪和胃部的痛感暂时得到了缓解。然后，她想起今天是自己的 13 岁生日，我回头再给你礼物，小露，恐惧的感觉再次袭来，她感觉胃里翻江倒海。露丝走回厨房，切了一大块巧克力蛋糕，咬了一大口，粗暴地咀嚼着，让甜美可口的巧克力抚慰因为恐惧而疼痛的胃。嘿，放松点，母亲看着露丝惊人的吞食速度劝道，没人跟你抢。

但有人跟我抢，露丝心想，他已经抢走了我的东西。尼克夺走了我们幸福的家，我的母亲，现在他的女儿还毁了我的生日蛋糕。我讨厌他，我讨厌住在这里，我讨厌我要一直担惊受怕，我讨厌你嫁给了他，还有了另一个女儿，和他生的女儿，我讨厌这样，我讨厌这样，我讨厌这样！那是露丝催吐的第一天，我就知道会有这么一天。

✦

露丝提高了音量。说着，她快速地喷了一下香水，涂上绿松石眼影和睫毛膏。接着，她喝了一大口葡萄酒，然后又喝了一口，最后涂起了唇膏。露丝把齐腰长的头发扎成高高的马尾辫，斜靠在镜子前，想着需要给发根做个护理，然后噘起了嘴。上个月她从超级药物商店[1]买了一组染发套装，但是实际的颜色和包装上的图片相差甚远，她只得把头发盘成发髻，希望没有人会注意到这个错误。我觉得自己暴露了，失去了头发的遮挡，她的脸暴露在众人的视线之下。我知道这听起来很奇怪，但我感觉自己像一个公开的靶子。我只能把目光移开或者低头看地板，避免任何的眼神交流。

露丝又给自己倒了一杯酒。露丝注意到她养的一株植物正在枯萎。橡胶树的叶子卷曲起来，变得枯黄，样子看起来很凄凉。她养的花草大多都死掉了，要么因为浇了太多水，要么因为她完全忘记这回事了。像十几岁的时候，她在游乐场赢了一袋金鱼，后来因为喂食过量和疏于照看，金鱼都死了。要么暴饮暴食，要么一点也不吃。这种极端的做法也延伸到了她生活的其他方面，包括工作、友情和爱情。她在两种极端之间徘徊，她一心扑在工作上，全情地投入，直到把自己弄得精疲力竭、满腹牢骚，然后放弃。对待朋友也是如此。露丝会把刚刚认识的人当作自己最好

1 英国保健及美容产品零售连锁店。——译者注

的朋友，她试着把日记本写满，甚至包括对方的日记本。当朋友评价她过犹不及、控制欲极强时，她既震惊又失望。最终，朋友离她而去，不再联络。我只是希望大家都能开开心心的，但我想可能是因为我太孤独了吧。所以我到了晚上就疯狂地想要拉上朋友们出去玩，这样我才不会觉得孤单和没人爱。

恋爱也总是谈不长久。除非性爱能渐渐演变成露丝所渴望的更有爱、更有联系的东西。但是她总是被指责冷淡，兴致缺缺，虚伪和不配合。这些话很难听，但露丝自有一套方法来对付。数数能让她恢复冷静，这种控制力是她在工作或交友或恋爱时所没有的。她不喜欢奇数，尤其是个位数，这是我唯一能控制的事。如果厨房橱柜里有一罐烤豆，露丝就会冲到超市再买一罐或三罐。多年来，厨房对露丝来说是一种双重约束。不停地检查煤气和烤箱让她精疲力尽，她只有大声地喊出来才能停止陷入这种怪圈：炉灶关了，烤箱关了，现在已经11点了。接着，再用手机拍几张照片，这样等她离开公寓后，就可以用这些照片来安慰自己，不必担心家里留有安全隐患。这种情况持续了许多年，这些症状引起了强迫症，让她感觉压抑和沮丧的同时，也让她平静下来。她认为，这种双重约束和我对妹妹伊芙的感觉很相似。这种感觉很复杂，我爱我的妹妹，但她同时也是伤害我的男人的女儿。

露丝看了眼手表。亚伦随时会来，她想着，拿起他最喜欢的香水喷在颈侧。她希望他能像她一样激动和骄傲，因为他们已经在一起一年了，哪怕我有这么多的问题。两周前，她在一家名为

"Ciao Ciao[1]"的意大利餐厅预订了一张桌子，因为她知道这家餐厅到了周末有多火爆。这家餐厅里还有一位现场演奏的钢琴家，弹起琴来像个疯子，客人还可以点歌，这让附近的居民和住在城里的人趋之若鹜。亚伦喜欢提拉米苏，还有花蛤意面、牛肉、意大利团子和意式扇贝。她惊讶于亚伦能够自然而然地做出选择，他怎么能够轻轻松松地选出一道他喜欢的菜，一道既能够让他填饱肚子又能让他开心的菜？而露丝只会选意大利面。她已经一周没好好吃过东西了，所以她可以点蛋黄培根意粉，配上鸡蛋、奶油、培根和奶酪，她要慢慢品尝这种香甜的口感。每一口都像是小精灵踮着脚在舌头上起舞，如果能够抵抗布丁的诱惑，那她就不用催吐了。她今晚真的不想再吐了，因为这是个高兴的日子。为什么不试试别的，看看其他菜？亚伦会微笑着问她。露丝也会像往常一样回答，为什么要换呢？我特别喜欢干酪面包。她想也许亚伦以后就不会再问了。她的前任们都是这样。

他们到了餐馆。向里走时，亚伦搂住了她的腰。露丝！亚伦！服务员热情地向他们打招呼，露丝立刻感到一股暖流涌上心头，她感谢对方给予了友好而亲切的欢迎。她也喜欢他先说出她的名字，而不是先招呼亚伦，但随后又摆脱了这种隐隐的竞争欲，尤其是今晚，她是来庆祝的。

在服务员的带领下，他们来到座位处。

我想今天是个值得庆祝的日子吧？侍者说。

---

1 意大利语，有"你好"和"再见"之意。——译者注

亚伦笑了。今天是我们一周年纪念日。

露丝的嘴角微微上扬。

亚伦点了意式扇贝。露丝愉悦地说，我想吃蛋黄培根意粉，这一刻的露丝被幸福和喜悦包围着。他们一起品尝红酒，聊天。他们握着彼此的手，回忆着在酒吧相遇的情景，还有亚伦整晚盯着露丝看的事。他笑着把手伸到桌子底下，轻抚露丝大腿的柔软部分，朝她眨了眨眼睛。

现在吗？她回应着亚伦的调情。

用完餐后，亚伦说要去下洗手间。亚伦去了很久，露丝只好通过观察其他用餐者来自娱自乐，偶尔回以礼貌的微笑。她又点了些酒。

抱歉，亚伦说，碰到了一个老朋友。

谁？露丝问。

我以前认识的一位女性朋友：凯茜。她和男朋友还有家里人坐在另一桌。

露丝早就讨厌凯茜了。虽然她没有理由这么做，但是她棕色的眼睛变成了绿色。嫉妒让她怒火中烧，她感觉伊甸园里的那条蛇在她耳畔低语。

来点甜点吧，怎么样？亚伦说。

我不用了，你吃吧。

亚伦看起了菜单，但当他寻找服务员点菜时，凯茜出现在他们的桌子旁。嘿，亚伦说，露丝，这位是凯茜。

嗨，很高兴见到你，凯茜说。露丝认为她是过来炫耀的，好让自己自惭形秽。我们就坐在那边。我只是想过来打个招呼。

是啊，你已经来打招呼了，接下来该炫耀了吧！露丝想。

你好，露丝一边微笑回应，一边打量着凯茜。她的确很美，拥有完美的身材、金色的头发和小兽般的牙齿。

我们全家很喜欢这儿，你呢？凯茜的举手投足都光芒四射。经常来这里。她撩起一缕头发。我们在等钢琴表演。今天是我爸妈的结婚纪念日。

哦，今天也是我们的纪念日，露丝说，她想下次一定要换一家餐馆。

纪念日快乐，凯茜笑着祝福道。要不我请你们喝一杯庆祝一下吧？

不用了，谢谢，露丝说。

好吧，那么，她的笑容变得更加灿烂，露出了更多牙齿，很高兴见到你们。再见，亚伦。

亚伦回以微笑。

沉默来袭。

真的吗？只是朋友？露丝盯着她的酒杯，问道。

我们约会过一段时间，但并不长。

那你为什么说她是你的朋友？

我不想让你难过，今天是我们的纪念日。

露丝扭头不再看他。

小露，别这样……

别叫我小露。

露丝，别这样……

骗子，露丝一言不发，但沉默的外表下是即将爆发的愤怒。

服务员出现了。来点甜点吗？他问。

提拉米苏，亚伦说。

我也要，露丝大声说。

露丝尽力不让自己被嫉妒冲昏头脑，亚伦也试着解释、澄清和安抚，但露丝并不买账。露丝想找人打一架，想尖叫。当她在手提包里翻找钥匙时，一个声音在她的脑海里告诉她要放松，没事的，冷静下来。但是那个尖叫的小人又出现了，重复着那句话，骗子！他为什么要撒谎？人只有在有所隐瞒的时候才会撒谎。转念，她又想：今天毕竟是纪念日，怎么能怪他没有说那是他前女友呢？他可能只是为了我着想，为了照顾我的感受。别说了。她想让那些声音停止。她想哭。

也许我应该回家，亚伦说。我不想再惹你厌烦了。对不起，我撒谎了。我以为我做的是对的。但我错了。这种事不会再发生了。

露丝不知道是因为他的道歉还是她害怕他真的离开，她心软了，有那么一瞬间，脑海中那个尖叫的恶魔消失了。

她转动房门钥匙，深吸一口气，打开门。我也很抱歉，她说，还好没有彻底搞砸这一切。亚伦帮她脱下外套，温柔地亲吻她。属于他们的夜晚开始了，他们又喝了很多酒，互相触摸、亲吻，尽管我的嫉妒和不安让这个美妙的夜晚多少受到了影响。但随着夜幕降临，露丝无法摆脱不断入侵她大脑的思想，她叫停了亚伦在沙发上的爱抚，借口离开，去了洗手间。她吐了。脑海中那个声音再次响起：人只有在有所隐瞒的时候才会撒谎。心烦意乱的露丝想起了自己的13岁生日，她怀疑是心理咨询的缘故让她频频回忆起过往。她很失望，原本这应该是美好的一晚，但她太多疑了，而且吐了。

靠在浴室的水槽上，露丝回想起当年：尼克的下班时间并不固定，于是烦躁和不安让她胃痛难忍。她不知道尼克会在什么时候、用什么样的残忍方式送她“生日礼物”，这让露丝更加痛苦。那段回忆让她更难受了。尼克是一名警察，他理应是法律的执行者和民众的守护者，但他暴虐成性，这更加令人发指。我们本应相信警察会保护我们不受伤害，但露丝却在一次心理咨询中透露，尼克利用警察的地位和权力来恐吓我。

怎样恐吓你？我问。

他威胁我，说没人会相信我。别人会觉得我很傻，很蠢。我是嫉妒他和母亲的关系。他说每个人都会相信他，因为他是警察。

你的母亲呢？我问。

露丝耸耸肩。我觉得她很有安全感，被他所谓的力量保护着。她常说他工作有多努力，做了多少好事。她被骗了。但其实他的怒火都转向了我，另一个男人的女儿。他找到了我这个出气筒，自然不会再去伤害她。

这让我联想到许多女性都曾被警察或曾任警察的男子殴打或杀害。33岁的莎拉·埃弗拉德在从伦敦南部的朋友家步行回家的路上被杀害。这些新闻让我感到无比的愤怒和心痛。像尼克一样，有预谋的暴行都是针对那些不敢说出来或者对犯罪者毫无戒备的女性。我能想象到她们有多么绝望和恐惧：除了露丝，还有克莱尔·豪沃斯，31 岁（2009 年）；约瑟芬·兰姆，58 岁（2009 年）；萨曼莎·戴，38 岁（2011 年）；希瑟·库珀，33 岁（2011 年）；珍妮特·梅斯文，80 岁（2012 年）；娜塔莉·埃塞克，33 岁（2012 年）；维多利亚·罗斯，58 岁（2013 年）；艾玛·西斯维克，37 岁（2014 年）；吉尔·戈德史密斯，49 岁（2015 年）；琳恩·麦琪，39 岁（2017 年）；艾维斯·艾迪生，88 岁（2017 年）；伯纳黛特·格林，88 岁（2018 年）；爱丽丝·法夸尔森，56 岁（2019 年）；卢兹·玛戈里·伊萨萨·维勒加斯，50 岁（2019 年）；克莱尔·帕里，41 岁（2020 年）；莎拉·埃弗拉德，33 岁（2021 年）。她们该多么无助啊。露丝活了下来，但以上这 16 位女性都不幸离世。她们都是被前任或现任警官杀害的。我痛哭不止，难受得几欲作呕。我给朋友和同事打电话。大家都震惊不已，难以接受韦恩·寇曾斯[1]等人的所作所为。但这只是那些发誓保护和服务我们的人所犯下的众多罪行之一，除了谋杀，还存在腐败和滥用权力等现象，而这并不是什么稀奇的事。

母亲问她，*怎么了，小露*？在露丝 13 岁生日这天，母亲察觉到了她的紧张和不安。*你是不是糖吃多了*？没有，我只是全吐出来了，但她没把这话说出口。我很害怕，也很恨你爱的那个男人，

1　2021 年 3 月，一位名为莎拉·埃弗拉德的 33 岁英国女性在步行回家时失踪，经警方查证后确认该名女子在当晚遇害。3 月 9 日，48 岁的伦敦警察厅的警察韦恩·寇曾斯因涉嫌绑架与杀害埃弗拉德在肯特郡阿什福德被捕。——译者注

这也同样不曾宣之于口。他讨厌我，在你不注意的时候伤害我，但她什么都没有说。

他的惩罚并没有像她预想的那样发生在生日那天。事情发生得很晚，实际上已经过了六个月，那时的露丝措手不及，完全没有料到会发生这样的事情。现实是，尼克送给她一支金笔和一个漂亮的日记本，日记本的书脊上还画着金凤花。露丝想，也许他在忏悔不应该对我那么恶劣。也许他变了，或者母亲说了什么。露丝不知道，尼克将会用这份礼物来对付她，使得家里的每个人都不相信她、厌恶她。那个日记本是个陷阱。

凌晨三点，露丝清醒过来，脑海中浮现出凯茜的样子：自信、美丽、容光焕发。想到这里，她彻底清醒了，她伸手去拿手机，试图*找到这个死对头*。她翻遍了社交网站，推特、脸书和照片墙，她要找到亚伦出轨的证据。露丝相信，在亚伦去洗手间的时候，他们接吻了。想到这里，她感到胸部开始剧烈地起伏。他们谈了些什么？*他离开了很长一段时间，在这期间“不小心”遇到了她？*凯茜过来打招呼的时候，他是不是很紧张，还是说这一切都是她想象出来的？吃甜点的时候亚伦不是很安静吗？难道这也是她想象出来的？*他从未用看她的眼神看过我*。是她想象出来的吗？现在她想去撒尿了。

迷茫沮丧之下，露丝摸索着走向洗手间，拉了拉悬挂着的灯绳，头顶的灯随即亮了起来，光线晃得她眼花缭乱，她眯起了眼睛。露丝盯着镜子里的自己，掀起背心，看着自己的肚子鼓起来，胸部收缩回去。她捏起大腿上的一团肉，她想自己在过去的 24 小时里体重上涨了许多。她转身背对自己的镜像，大哭起来，一阵突如其来的孤独感吞噬了她。*回到床上吧*，她对自己说，再次抬手，飞快地拉了一下灯绳。

她爬回床上，在照片墙上找到了凯茜的账户：她有 1287 个粉丝。大多数都是凯茜和朋友、家人以及男朋友在度假、散步、在餐馆和酒吧里的照片。上个月她参加了助力癌症研究的公益马拉松。一个月后，她帮助社区为当地小学集资。*真虚伪*，露丝低声说，接着又转头去看是否吵醒了亚伦。她接着翻看：凯茜是一家公司的活动经理。她有一只叫鲁弗斯的可卡犬。她喜欢蛋糕。露丝看到了几个小时前凯茜在 Ciao Ciao 餐厅庆祝父母结婚纪念日的短视频，她的男朋友就坐在她旁边。露丝接着查看亚伦是否点赞或评论了这条动态，他没有。凯茜和男朋友在一起的画面十分幸福：男友的胳膊轻轻地搂住凯茜古铜色的肩膀，亲吻她的脸颊。看到这里，露丝稍稍冷静了一点。*冷静*，一个声音在她的脑海里说。那个尖叫的恶魔沉睡了。

我控制不住，她哭喊道，*我像个偏执的疯子*。

露丝说，*她花了好一段时间才重新入睡。我一直在想象他们曾经在一起的样子，尽管我知道自己是个彻头彻尾的疯女人。即使我一遍又一遍地告诉自己，她有男朋友了，亚伦是爱我的，我还是认为他在撒谎，他有了外遇，或者等时机到了，他就会弃我而去。*

我注意到露丝的措辞：精神错乱又偏执、彻头彻尾的疯女人。我不仅想更全面地理解这种感觉，还想知道她是否经常使用这些词。我想露丝对自己的描述可能会让她无法正确认知自己，让她忽视自己的价值，因为自己的存在而感到羞愧，但这些话也是了解她痛苦的切入口。我想知道，这些否定的标签在她脑海中存在了多久？她何时何地听到过类似的评价？这些评价对她有什么影响？我回想起有几次露丝说起前男友曾评价她是疯子和偏执狂。某天深夜，她打电话到他家询问其行踪，前男友说她是疯子和偏执狂。两个月后，她发现他在说谎。一个月后，他和另一个女人搞在了一起。当露丝暴怒地质问对方是什么时候出轨的，前男友冲着露丝愤怒地咆哮着，滚出去，你怎么敢质问我，你这个疯子！

幸亏分手了，露丝告诉我。

幸运又痛苦，我说。

还有一次，露丝试图告诉母亲，有人进过她的卧室，动了她的东西，并把它们藏了起来：她在洗衣篮底下发现了一支口红，枕头下面藏着耳环，她的内衣还被塞到抽屉后面了。母亲却说这些东西一定是不小心掉下去的。不，不是掉下去的，露丝坚持说，有人进过我的房间。母亲摇了摇头。别傻了，你太偏执了。谁会想进你的房间，小露？

是尼克，露丝在一次治疗中说，他想整我，他用这种方式告诉我，他随时可以进我的卧室。

露丝从背包里拿出一瓶水，喝了一小口。

我说，我想了解那个疯狂又偏执的你。你心里明明知道亚伦爱你，但那个发疯的自己占了上风，让你开始疑神疑鬼。她让你相信他在等待机会离开你或者有了外遇。

就是这种感觉。我好像变成了一个疯女人。我的思绪不受控地飘走了，在我意识到之前，我已经想象出各种各样充满伤痛、悲惨的结局。

是因为你想象着你们的爱情会以悲剧收场，所以你觉得自己疯了吗？如果只是想得很远，你也认为自己疯了吗？我想你不是这两种情况，我说。相反，我认为你只是很容易被感觉和恐惧影响。

不，我就是个疯女人，她大声说。

可能是疯女人，也可能是感情用事，我再次劝道。

她没有回答。

我看得出我们要做的事还有很多，我还需要进一步的了解，但我不想打退堂鼓，所以我提议道：我们再回想一下昨晚的情景。

好吧，她同意了。

当你躺在床上的时候，凯茜的脸出现在你的脑海里——

是的——

——然后你去拿手机，希望能找到证明他们出轨的证据——

是的——

想象一下，如果不去拿手机，你会有什么感觉？

露丝停顿了一下。很害怕，她说。害怕她会把亚伦从我身边抢走。

好吧，我说。那暂时先不管这种感觉。然后呢？

她闭上眼睛。还是很害怕，她说，我觉得他会离开我，因为凯茜更漂亮，更有趣，更亲切。这些我都没有。

还有别的吗？

没有安全感。我会因为他撒谎而生气。还有嫉妒凯茜。她看起来那么开心、活泼、幸福……

好吧，我说，现在你和我待在一起，感觉怎么样？

心烦意乱，我好想哭。说着，她哭了。

停顿。

好吧，我说，你感到害怕，恐惧，没有安全感，愤怒，嫉妒和烦躁。你的感受很复杂。拿起手机可以分散你的注意力。你不想面对这些感受是可以理解的，但是允许自己拥有这些感受也是很重要的。我们要做的一件事就是接受并消化它们，这样你就可以选择如何应对，而不是在特定情况下表现出过激的反应。没有什么感觉是一成不变的。

但这就是问题所在，她说，我知道我发疯、崩溃，所以我想转移注意力，以免做些出格的事。

又是那个字眼：疯。

你会做什么出格的事？我问。

露丝看着我，点了点头。

害怕说出来吗？

她点头称是。

我等她继续说下去。

我害怕我会有暴力的行为。摔东西，毁掉一些特别的东西，她痛苦地说道。

所以你把这种暴力转移到自己身上？

我想是的，她说。这样感觉更保险。我能控制住，而且不会伤害到任何人。我可以决定吃什么，吃多少，我还可以决定是否要吐出来。也许我应该在亚伦之前先提分手。这样还能给自己留点尊严，不会像我小时候那样。

我被露丝内化的愤怒震撼。她决定点甜点，食物能带来暂时的安慰，她也可以催吐，这是她失控的表现，就像小时候和青少年时期那样，吐过以后再恢复正常。我想，这是一种她早年生活的再现，当时的她感到害怕和无助，只能把心中的愤怒转移到食物和数字上面。我想知道，如果她不遏制自己的感受，她会采取什么样的暴力行动。还有，我们应该如何引导和理解这种愤怒，而不是施加暴力。如果露丝在发现亚伦的谎言时能够清楚地表达出她的恐惧和愤怒，她可能就不会催吐了。我还注意到，露丝希望在亚伦离开她之前先提分手，因为她害怕被抛弃，为了不让自己处于被动，她只能先发制人。我非常想深入了解露丝的愤怒，她的战斗或逃跑反应[1]很可能与她在青少年时期遭受的暴力有关。

小的时候没法逃离，所以现在的你试着做出改变？

我想是的，很疯狂，对吧？

我并不认为这很疯狂，我说。但这更像是过去带给你的创伤。这样说吧，你希望掌握主动权，不希望处在被动状态。但也有可

1 指可怕的事物引发的生理反应。这种反应是由激素的释放触发的，使身体准备好留下来应对威胁或逃到安全的地方。——译者注

能是你心中的负能量在作怪。

有道理，她怒斥道，去他的。

亚伦吗？我问。

不，是尼克，去他的尼克，是他害我变成这样的。

对了。这才是带给她创伤的人，是她痛苦的根源。她的愤怒源自尼克，那个妄图摧毁她的人，她恨不能将之一箭穿喉。

因为他，我变得又疯又坏，她说。

你不坏，也不疯狂，露丝。有人对你做了坏事，可怕的事。你不是因为害怕自己会做出什么事而感到痛苦和愤怒，而是把这种痛苦埋在心里，所以你感到非常害怕和孤独。

我读懂了露丝的表情，她在试图理解我的话。她清了清嗓子。擦了一把脸。谢谢你，她说，从来没有人这样说过。没有人花时间去理解我。

你年轻的时候呢？我问，当时有人理解你吗？

某种程度上有吧，露丝说。我以前经常写日记，为了让自己想明白一些事情，但是后来他会偷看，我就没再写了。其他人，主要是我的母亲，不再试着了解我。她站在尼克那边，这正是他一直以来的目的。

我惊讶于尼克有预谋的仇恨行为。他给露丝买了一个日记本，后来他用这本日记作为对付露丝的朋友及家人的利器。一股刺骨的寒意蔓延至全身，叫我不寒而栗。这种人我见多了，我非常清楚尼克就是那种以折磨他人为乐的魔鬼，用“虐待狂”来形容他一点也不过分。

他用了整整六个月搜集露丝日记中的内容，他把内页的一角折起以作标记，然后大声念出露丝最私密的想法。上面写着母亲和这样一个怪物生活在一起，对他的残忍睁一只眼闭一只眼，软弱又胆小，还有她多么希望他和伊芙可以消失。其实露丝还写到了多么怀念曾经那个温暖安全的家和她的父母，但这一部分被他刻意跳过了。当他读到露丝有多么希望他能死掉的时候，他故意假装哽咽。接着，他又念道，他送给露丝金笔和日记本的那一天，因为他吹灭了她的生日蜡烛这么一个小玩笑，露丝就想一刀刺穿他的胸膛。露丝还在日记里写到尼克强行把她的手放在厨房的桌子上，用刀子在她颤抖的指间疯狂地戳来戳去。谎言，全都是谎言！尼克喊道。他接着往下读，翻到那一页，上面写着他把肥皂塞进了她的嘴里。又在撒谎！他说，你这是被害妄想症！我们警察经常和你这样的人打交道。说着，他在露丝面前挥舞起那本日记。他转头看向露丝的母亲。我猜她说的是我让她洗脸那次。那天她上学前，我发现她脸上化了妆，你还记得吗？

露丝的母亲低头盯着地板。记得，她说。

我在考虑是否需要联系社会服务机构，尼克装作一脸无辜的样子说道。如果可怜的伊芙出了什么事，那我还配为人父吗？如果我不为妻子和自己的安全着想，我还算哪门子的丈夫？

他装得真像。他太狡猾了。母亲和伊芙竟然相信了他的谎言。就这样，在家人震惊和不信任的眼神中，露丝被他定了罪。他铁了心要毁了她。她们怎么能不相信他呢？他是父亲，是丈夫，这个家还要靠这个浑蛋养活。她们需要尼克。尼克是个好人，因为他收留了别人的孩子。在这个家里，露丝才是性格暴躁的危险因子、搅屎棍、被害妄想症患者。她善妒、恶毒、刻薄，给这个和平友爱的家庭带来了耻辱和危险。露丝是个疯女人。露丝疯了。

亲爱的露丝，你当时只有13岁。

你有什么要为自己辩解的？尼克问道。

没有，我没什么好说的，露丝说。母亲崩溃得大哭起来。在尼克死后很多年，露丝都没能解释她为什么会这样写。直到很多年后，她才能说出日记本、刀和肥皂的真相，她才敢再次回想那段被他偷走并操纵的时间。那一次，他企图摧毁她的灵魂——

露丝四处寻找。在哪里呢？她再次掀开床垫。不见了，她大声地喊道。她查看书架、衣柜和洗衣篮，尽管她心里清楚它不会在那里，但这样做有助于安抚狂跳不止的心脏。她把课本推到一边，检查桌子下面的废纸篓。再一次翻找书架、衣柜和洗衣篮，然后是床垫。真的不见了。

恐惧占了上风。在哪里？谁拿走了？但在内心深处，她已经有了答案。她像一个溺水的人。露丝数着墙上的海报、床上排成一排的毛绒玩具，以及梳妆台上的手镯。她说，我的梳妆台上有十一个手镯。

啊咳。

身后有人清了清嗓子。

她转过身来，看见尼克正靠在敞开的卧室门框上。哦，亲爱的，哦，亲爱的，他摇了摇头，咯咯笑着，随即举起那个漂亮的日记本，书脊上画着金凤花。在找这个吗？

她快要窒息了。露丝僵在原地，她不能战斗也不能逃跑。

我卧室的墙上有七张海报，床上有九个可爱的玩具，她轻声说。

尼克把日记塞进屁股后面的口袋里，转身离开。

露丝伸手去拿纸巾盒，然后盯着我看。快告诉我，时间差不多到了，她说。我想走了，我真的很累了。

在上班路上，露丝先买了一大杯咖啡和四条巧克力棒，然后慢慢地走向巴士车站。她大口地喝着咖啡，希望能够清醒过来。她不知道自己要怎么熬过这一天，于是决定给亚伦发短信。心理咨询太痛苦了。晚点打给我，拜托了，×××。

现在潘多拉的魔盒已经打开了，她想知道是否可以把它重新关上，把黑暗的秘密尘封起来。为什么她会认为回想那段记忆、再次感受那种痛苦能够帮到现在的她呢？每个人都知道，和心理医生谈论虐待的话题，即便最后的结果是好的，但过程只会让患者更加痛苦。然而，一个微弱的声音告诉她，她做得很好，玛克辛人很好，她能帮到你的。她啜了一口剩下的咖啡，把塑料杯子扔在公交车站旁满溢的垃圾桶里，然后从夹克口袋里掏出一条巧克力棒。但是后来她意识到这样一来还剩下三条，于是她决定拆开两条巧克力棒。

亚伦发来一条短信。嘿，宝贝，咨询的过程这么辛苦啊，真替你感到难过。但我也为你感到骄傲。我九点前都有空，你想聊聊吗？我爱你，×××。

她细细地品读这条短信，让自己充分感受亚伦的爱。接着，她眼看着两条巧克力棒在她的掌心融化。露丝想，我还有其他选择。于是，她又读了一遍亚伦的短信，然后把两条巧克力棒扔进了公交车站旁边的垃圾桶里。她舔了舔自己的手，环顾四周，看看是否有人在看，万一她又想取回巧克力棒，叫人看到就太尴尬了。随后，露丝用力地把巧克力棒塞进垃圾桶中，一直往下塞，越来越深。现在，她开始焦虑。露丝知道，她已经克服了关于巧克力棒数量的强迫症。没有什么感觉是一成不变的。她一边数着路过的巴士，一边自言自语道。在数到第 22 辆的时候，她终于感觉到焦虑有所减轻，不禁松了一口气。露丝拿出手机，谢谢，她回道。我也爱你，×××。

尼克是个怪物吗。一个无情、冷血、邪恶的灵魂毁灭者。请注意，我没有在这个句子后面打问号。我们要不要给这个痛苦、破碎、心怀报复的人留点空间？我们应该担心吗？这重要吗？当然，这里指的不是尼克给露丝带来的身心痛苦，伤害和折磨。我只是担心我因为愤怒而失去理性，所以我没有着急制订下一步的治疗计划。保持愤怒，我告诉自己，保持住。

我再次思考露丝想从治疗中得到什么。灾难、渴望或恐惧——迫使人们陷入危机甚至崩溃的事件或一系列事件，可能会推动成长和改变。露丝现在遇到危机了吗？她濒临崩溃了吗？她曾说过，我已经达到了目标体重，但为什么更加不开心了？我想知道她对体重的要求是否与童年受到的创伤有关。我猜想，这个体重的目标可以让她远离不堪回首的记忆，在磨人的苦痛中控制自己，从过去到现在，露丝一直用这个方法自救，只是这个方法代价太大。对体重的挑剔可能已经引发更多的痛苦，因为从理论上讲，她控制饮食和计数的方法不足以弥补她的缺失，药物根本不起作用。

有些人声称自己遭到了折磨、殴打、控制、惩罚、恐吓，可自私的监护人却指责这是谎言，这让受伤的孩子感觉自己毫无价值，认为自己是“疯子”，是“疯女人”。他们迫切地需要找到应对的方式，所以他们不计后果、慌不择路，这一点完全可以理解。尼克日复一日地贬低露丝的价值，削弱她的意志，摧毁她的生存希望。他深知露丝是一个敏感、懂事的孩子，她最喜欢做的就是玩可爱的毛绒玩具，收集造型新奇的橡皮和听流行音乐。也许他感觉出露丝是个脆弱的孩子。也许他讨厌露丝的懵懂天真。也许他恨她不是他的孩子。也许把露丝说成一个品行不端、疯狂偏激、谎话连篇的坏人，这样他就不会觉得只有他自己会做出邪恶的行为，会撒谎。实际上，露丝知道，自己从来都不想撒谎。但是被人说过太多次后，她开始怀疑自己是不是真的在撒谎，也许她真的是个天生的坏种。在煤气灯效应[1]的影响下，露丝开始怀疑自己。我想，露丝不正是和许多心理疾病患者一样经历了不公的对待？我在咨询室里听过也见过无数类似的情况。权力的拥有者之所以制造谎言，不过是为了满足一己私欲。为了摧毁露丝，尼克早有预谋，他要摧毁露丝，不惜耗上无数个小时、数月甚至数年，用残忍的手段折磨她。对我来说，最令人不寒而栗的事实是，尼克

1　指对受害者施加的情感虐待和操控，让受害者逐渐丧失自尊，产生自我怀疑，无法逃脱。——译者注

竟然真的骗过了露丝的母亲、妹妹甚至露丝自己，让所有人都相信她确实品行不端、疯狂偏激。

✶

今天的露丝想聊一聊复仇，还有我的妹妹伊芙。这时的她已经接受了八个月的心理治疗。

她告诉我，即便成年了，她也不敢和尼克面对面地抗衡，她不敢当面指责他的丧心病狂，不敢告诉对方他根本就是一个不配得到任何尊重或同情的怪物，这让她感觉很委屈。你毁了我的童年，把我推入地狱，说到这里，她几乎尖叫起来。我恨你！因为你，疼爱伊芙会让我感到痛不欲生！我恨你！你让我和母亲渐行渐远！我讨厌你的一切！如果你还活着，我巴不得你赶紧去死！

露丝的愤怒无比强烈。我坐在椅子上，静静地聆听着。她继续控诉道：我想要我原来的身体，健康的身体。我想让你知道，如果老天有眼，来世一定要叫你得不到任何爱、关心和尊重，就像我一样。我要你道歉，你这个彻头彻尾的浑蛋。

她崩溃了。

一时间，谁也没有说话，只有露丝的抽泣声打破了沉默，空气中弥漫着悲伤的气氛。

我暗自在心中盘算，露丝需要多少时间平复心情，但我又不想强行打断她的情绪，也不想让她独自承受痛苦。我只好静静地等着。

没有什么感觉是一成不变的。她终于说话了，对吗？

没错，我说，慢慢来。

我真的很需要你的帮助，关于伊芙，她一边说一边用双手拭去眼泪。

我点点头，有什么可以帮忙的吗？我问。

我觉得我缺乏安全感在很大程度上和我们之间的关系有关。我还是很嫉妒她。甚至在她还是个婴儿的时候，我就嫉妒她。我没有给她应有的爱。

伊芙对你来说意味着什么？我问。

她意味着我要离开这个家。她会把母亲从我身边抢走。我觉得很孤独。父亲不要我了。母亲有了新的男友和新的女儿。我觉得我不是他们家的一分子。尼克无时不刻不在强调这一点。

经历这么多的失去和改变，我想你一定很难过，我说，而且你很难去爱你的妹妹，你认为她拥有非常大的权力，尤其是当她的父亲如此坚决地要把你赶出去的时候，你们两个彼此对立。

是的，我想爱她，她说，这是我发自内心的愿望。

那是位于伦敦东南部边缘的一个小郊区，冬日的暖阳正缓缓落下。露丝知道她的弟弟或妹妹就要出生了，她拿起滑雪夹克准备出门。那天是圣诞节，家家户户的窗户后面都挂起了装饰品，车库门上洒满了人造的雪。布伦菲尔德大道的房子里，随处可见圣诞老人的装饰品，有圣诞老人造型的灯，有模型，有摇头晃脑的摆件。露丝的母亲收起她的小旅行袋，等待她的新男友给车加热并把座椅往后推。把我的烟拿来，小露，母亲说。露丝照做了，点好烟后，按照教的那样，旋转着玩起打火机，最后再把它放进牛仔裤后面的口袋里。

母亲正缓慢地走着，突然，露丝看到母亲浮肿的脸上露出痛苦的表情，她意识到自己很快就不再是家里唯一的孩子了，她要抓住这最后的机会贴近身子笨重的母亲。我爱你，妈妈，她说。那时的她才 10 岁。

12 月的路面上覆盖着一层黑色的、不易察觉的坚冰，露丝紧紧握着母亲的手，保护着她。她小心翼翼地把她领到福特车的副驾驶座上。这时，邻居们聚了过来：像露丝一样身穿滑雪服的孩子们和他们面带倦容的母亲。祝你们好运，众人说道。

第二天早上，伊芙[1]出生了，这一天正好是圣诞节的前一天，她的体重是七磅六盎司，鼻子微微上翘，可爱极了。她的头上长着一团毛茸茸的白色卷发，眼睛像抛光的宝石一样翠绿晶莹。露丝盯着婴儿床，不禁露出微笑，她抚摸着妹妹脸颊上的小绒毛说道，她真完美！

是的，尼克说，往后站，小露，你挤着她了。现在只需要一个小男孩，就万事俱备了。露丝的母亲狠狠地瞪了他一眼，抓住他的衣领猛地一拉，做梦吧，种马。说着，他们都笑了，但露丝没有听懂这个笑话。她只知道马长什么样子，不知道什么叫种马。于是，她望着母亲脸上的表情，那是一种被爱意迷惑、着了魔般

1 伊芙的英文名为 Eve，在英文中有“平安夜”（Christmas Eve）之意。——译者注

的神情。她是我见过的最完美的小婴儿，母亲兴奋地说道。

露丝很快就成了伊芙的小妈妈。她学会了如何快速地换尿布、加热奶瓶、擦护臀霜、抱孩子、逗她笑，以及把妹妹打扮成一个粉粉嫩嫩的、长着白色卷发的公主。走在大街上，每个看过她的人都觉得她很完美。每个人都想拥抱她，抚摸她，亲吻她的脸颊，都怪伊芙太可爱了，让人情不自禁。

在伊芙出生的第一年里，露丝发现自己越来越害怕，但她还搞不清楚状况，也不知道这是怎么一回事。但是当这种恐惧开始膨胀，像即将喷发的火山一样隆隆作响，她终于意识到她并不喜欢被这种感觉控制。于是，她摆出一副刻薄的神情，所以我的脸就变得更丑了，她也开始产生刻薄的想法。她开始想象对可爱、完美、珍贵的妹妹做各种各样卑鄙的事情。有一次，妈妈让我给她换尿布，但我想让她一整天都泡在潮湿的尿布里，可我终究做不到，尽管我有点想这么做。

你帮了大忙了，真是妈妈的小帮手，母亲说。我去吹一下头发，你帮我看着她。这个要求让露丝感到害怕。她认为自己一定会做坏事，做错误的事。有点不对劲。于是，她把伊芙裹在襁褓里，放在沙发上米色的软垫中间。这样她就不会从沙发上滚下来。我不想伤害她，我真的不想，她说。

露丝怀疑尼克察觉到了她对妹妹的嫉妒。母亲和伊芙同他的关系更亲近，这让我更加嫉妒了。当我试图融入这其乐融融的一家时，我被推开了，我不准嫉妒他们，还被叫去一边玩玩具。

在母亲吹干头发回来之前，露丝把伊芙从沙发上抱了起来，表现得像一个稳重的大姐姐，一边哼着歌谣轻轻摇晃着伊芙，一边抚摸着她的卷发。好孩子，小露，母亲表扬了她。

在露丝 11 岁生日那天，她收到了一个苍白的塑料娃娃和一辆二手的婴儿车。现在，你有一个属于你的小宝宝啦，母亲鼓着掌说道。

我想要一辆自行车，露丝大胆地表达了自己的愿望。

尼克向前走了一步，不知感恩的小……

自行车很贵，母亲打断道。不管怎么说，你还是喜欢小宝宝，她坚持认为露丝更喜欢娃娃，接着，她指着拍立得说道，微笑！

露丝很听话地笑了，然后放弃了要一辆自行车的想法。她把伊芙放进婴儿车里。趁母亲不注意的时候，露丝让妹妹体验了一次惊险刺激的婴儿车。露丝自欺欺人地告诉自己，妹妹喜欢在下坡路上疾驰的感觉。彼时，婴儿车里装满了薯片、果子露、糖果和酥饼，露丝推着婴儿车俯冲而下，到街角的商店时快速捏下刹车，然后掉头。

回家以后我要在嘴巴里塞满东西，只要一会儿就好，我不想面对自己变得越来越不重要的事实。

露丝从背包里拿出一张她和伊芙的照片。她说，我把这个带过来给你看看。

我看着这张照片，想象着在露丝默默忍受痛苦时，她依旧温柔地抱着伊芙。她又递给我两张照片，一张是三四岁的伊芙，另一张是万圣节的露丝，我想那时候的她已经十八九岁了。我可以从两张照片中感受到露丝的痛苦，照片上的她瞪着大大的眼睛，双眼痛苦，面容憔悴倦怠。我看得出来你有多么不开心，我指着身穿万圣节服装的露丝和伊芙说道，在这张照片里，我感受得到你们两个之间的距离感。

那张照片是在生日蛋糕事件后不久拍的，露丝说，那个时候我逼自己把食物吐了出来。我很不开心，也很迷茫。那是妈妈给我做的巧克力蛋糕。也就是从那时起，我的饮食出现了问题，说到这个……

她看着我，等待着我问出这个问题。现在你的饮食习惯如何？我开口道，用一种温柔的诱哄的语气。

没什么改善，她说，但我没那么暴饮暴食了。

很好，你觉得这是为什么呢？我问她。

我想我没有原来那么生气了，她说完又马上纠正自己，我是说，我开始不那么害怕生气了。

有很多事的确值得生气，我回道。我理解她的感受。

我知道，我以为压抑住怒火就不会有人受伤。

除了你自己。

除了我自己，她说，但问题是，我还是喜欢掌控一切的感觉，我只知道我不能失控。

我明白，我说，所以你还是会催吐，会自虐，用这种方式铭记你曾经遭受虐待的日子。

老毛病了，很难改。

一步一步来，我说，我们才刚刚开始，未来肯定还有很长一段路要走。你的身体，由你掌控。只是这一次，我们更加清楚了要如何应对，而不是反应过激。你有你的理解，你可以做出选择。

坐在椅子上的露丝身体向前倾了倾。

我的身体，由我掌控。

我昨晚在酒吧碰到了凯茜，亚伦说，原来她男朋友以前和康纳的妹妹约会过。康纳是亚伦的同事。我只是想把这件事告诉你，以防你觉得我有所隐瞒。

露丝感受到了愤怒，但有了前车之鉴，她试着控制自己的反应。她怀疑亚伦告诉她这些是急于证明什么，或许，他讲这些只是为了装出一副老实的样子，但其实不然。她问他凯茜怎么样，然后说，我一听到你叫她的名字，我就很嫉妒，但是我尽量控制自己，不让这种情绪影响我，还有我们。

我知道，亚伦给了她一个吻。

我也不想嫉妒她，露丝坦诚道，因为过往的经历，我缺乏安全感，经常会害怕，但我想和你一起经历不一样的人生，亚伦，我真的这样想。

露丝想象自己躲进我的小办公室里，躲进纸巾盒里。一步一步来。

我们想象了尼克道歉的样子，如果尼克还活着并承认他施加在露丝身上的暴行，那将会是在什么场合、用什么方式、以什么

样的心情道歉。但露丝和我也都清楚这是不可能发生的，因为那个在情感上、身体上和精神上给她带来如此多痛苦的男人现在已经死了。这种清醒的认知叫人憋闷。

他背叛，撒谎，折磨露丝的身心，不仅控制露丝，还骗过了伊芙和她的母亲。在残忍和暴力的夹缝中求生存的人一边忍受着疼痛一边寻求治愈，他们渴望获得自由。自由，却不会忘记以往种种不幸。一旦行为受到限制，这种行为就会被超越，并演变出改变。露丝告诉我，如果想象尼克道歉的样子，尽管她对此深表怀疑，尼克将不得不审视自己，质疑自己作为人存在的意义。她说，很长一段时间以来，他扼杀了我对他人的信任。但他还没有赢。她还没有被击垮。即便他剥夺了露丝的家庭生活，剥夺了母亲和妹妹的爱。即便她本可以在一个安全温馨的家中自由玩耍，不必担心受到惩罚。但她还没有被击垮。即便她因为太过害怕和心烦而无法在学校正常地念书和学习。但她还没有被击垮。即便露丝不相信任何人，尤其是老师、家人以及其他本该爱护她、保护她、关心她的人。但她还没有被击垮。即便她只能通过狼吞虎咽地吃东西来冲淡极度的绝望和孤独。但她还没有被击垮。我还爱着亚伦，我还想工作，我主动地接受治疗，我想改善和伊芙的关系。我还想做点什么，尝试新鲜的事物。时至今日，我仍然抱有一丝丝希望，对这个世界还抱有期待。即便生命中的大部分时间里我都喝得烂醉如泥、尝试危险的性爱、吞药、自残、暴饮暴食、催吐——

但是我还在这里。我在努力地恢复正常。我还没有被打败。

✦

两年来，我一直见证着露丝的心路历程。她的勇气、决心和自我疗愈的能力都让我赞叹不已。我在工作中感受到了爱的强大，这赋予我做出改变的能力。和我的许多患者一样，在露丝身上，我看到了、感受到了并且相信人类的适应能力强大得令人心痛。只要患者和医生互相尊重、加强联系并希望加深对彼此的理解，哪怕前半生百孔千疮，伤口也可以愈合。露丝敢于走进心理咨询室，直面内心的愤怒，她终于发现自己一直在默默忍受，也注意到身边的人一直在包容她。这让她把注意力转移到寻找合适的语言表达自己的感受上，而不是用过激的反应对抗愤怒。随着时间的推移，她慢慢地改善了饮食习惯，转而用其他的方式解决问题。露丝害怕失控，所以不敢去爱，也不敢相信他人。基于此，我和露丝一起努力，寻找可行的解决方式，让露丝不再孤单，不再无助。

我提醒自己，一步一步来。现在才刚刚开始，未来还有很长一段路要走。你的身体，由你掌控。

宝贝，唱蓝调吧

心怀渴望，却求而不得，于是她浑身僵硬、空洞、紧绷。
渴望再生，依然求而不得——深陷渴望难以自拔
——于是心灵饱受折磨，一次又一次，循环往复！

——弗吉尼亚·伍尔夫《到灯塔去》（1927 年）

火车上坐在她旁边的男人显然勃起了。他焦躁不安，脸上挂着微笑，试着和她攀谈，还提出为她拿热饮，从自助餐车上给她买小吃，后来快到斯蒂夫尼奇度假村时，还偷瞄她的胸部——*真是个讨厌鬼*。

他声称在什么地方见过她。也许是在电视上。*得了，我知道你很有名。你看起来就像个名人*。这个男人喜欢一边看电视，一边用托盘吃晚饭。自从他妻子去世后，他大多数晚上都是这样度过的。就在这个时候，玛丽安娜对男人产生了片刻的同情，于是她笑了笑。*可憎之人必有可怜之处*。

玛丽安娜习惯了男人们向自己投来的目光。有时他们说的话与火车上这个男人差不多。他们认为在什么地方见过她，觉得她很眼熟。但她绝不是什么大明星。也许用“小有名气”这个词来形容更为准确。玛丽安娜是一名歌手，所以许多人都知道她。一个美丽却郁郁不得志的歌手，而人们总以为自己认识她。

她转身背对那个男人，双臂交叉在胸前，凝视着火车窗外，寻找分散注意力的东西。玛丽安娜希望能离开座位，但她还是一动未动，沮丧地坐在座位上。

当火车最终驶入斯蒂夫尼奇车站时，一位面带倦色的年轻母亲抱着一个婴儿，拖着一辆折叠婴儿车进入了行李区。她卸下一个鼓鼓囊囊的潮湿背包，用手腕擦了擦额头，然后叹了口气。婴儿车正好可以塞进一个空隙，好像那个空隙一直在等待，帮助这个疲惫不堪的女人和她的小女儿卸下负担。玛丽安娜替她们松了一口气，她主动提出帮她们把帆布背包放到头顶的行李架上。

谢谢，我没事，女人说着，用指甲整齐的手拨开眼前的卷发。

火车又开动了，女人解开小女儿身上那件红色的蓬松外套，微笑着在她的鼻子上点了点。出发了，抓紧点，她笑着说。小女孩全身都在动，像是在跳吉格舞，胖乎乎的拳头伸向妈妈的脸。玛丽安娜注意到她们长得很像，两人都有一头白金色的卷发，宽大的前额下方是蓝绿色的眼睛。她迅速清理了一下自己的可重复使用水壶、一个空的三明治盒和一本 *Vogue* 杂志，很高兴能与这对幸福的母女离得这么近。玛丽安娜只要伸出指尖，就可以触摸到她们两个，但她没有这么做。因为那样会显得很奇怪，对吧？相反，她低头看着自己空荡荡的怀里，覆盖着丝绸衣料的双腿上也是空的。她注意到自己穿着当季的时装，双腿和双手却无所适从。她渴望抱着小婴儿贴着自己空荡荡的身体，渴望擦去他的口水，渴望喂一整夜奶，把自己累得筋疲力尽。玛丽安娜渴望拥有一个胖嘟嘟的婴儿，没有牙齿，浑身散发着爽身粉的香气，她可以爱他，并希望得到他的爱。

小女婴在妈妈的腿上蹦蹦跳跳，一直在笑，妈妈则俯下身来轻轻亲吻她的鼻子。她们紧紧握住对方的手，像照镜子一样对着彼此，她们的脸一模一样。女婴咯咯地笑着，口水滴了下来，女人飞快地抽出一块方巾，为她擦去口水。一股强烈的孤独感涌入玛丽安娜的心里，眼睛里有泪光闪动。她猜测了一下女婴的年龄，*20周左右*，注意到她的手腕很像六角手风琴的褶皱，看上去和小圆面包差不多。她计算了一下，算出了一个大致的受孕日期，再推算九个月（三个月为一期）的孕期，最后确定了出生日期。她很想知道自己算得准不准。

她太可爱了，玛丽安娜笑着说。

谢谢你，我也这么认为，女人满脸发亮。

她多大了？

快六个月了，女人又吻了一下女婴的鼻子。

玛丽安娜纠正错误，在脑海里重新计算了一下，她的目光再次瞟向窗外，光滑的雨滴像微小的精子一样，划过行驶的火车的窗户。*无论到哪里，总是有人提醒我没有孩子，还和一个劈过腿的男人在一起*，她心想。

外面雨势变小，只下着毛毛细雨，犹如给辽阔而不安的天空蒙上了一层模糊的灰色面纱。我注意到桌子上的时钟发出轻轻的嘀嗒声，房间刷着白漆，温度宜人。我决定再等五分钟，才拨打她的手机。迟到又不打电话，不像她的作风。

4点15分，玛丽安娜终于气喘吁吁地赶到了。*对不起，我迟到了*，她说着，在门边的地棕垫上蹭了蹭湿鞋。我立刻看出她哭过，并请她坐下。*该死的火车*，她叹了口气，脱下焦糖色的风衣。玛丽安娜解释说从她父母家（她小时候住在那里）出发的火车晚点了，我的手机又没电了，她补充道，还给我看了她的手机，屏幕一片漆黑。

接着，她脱下围巾，扔进皮手提包里。

我们都舒舒服服地坐好。她的治疗已经进行了三个月。我问道，玛丽安娜，你还好吗？

她深深地吸了一口气，闭上了眼睛。

不太好，她说。不管我看向哪里，满眼都是小婴儿，以及幸福的夫妻。她没能控制好自己的声音，我听着她沙哑的声音。你知道那有多痛苦吗？

我还没来得及回答，玛丽安娜就哭出了声，明知不可能却还是试图阻止自己。她伸出手，从木边桌上的方形纸巾盒里抽了张纸巾，轻轻擦了擦眼睛，然后把头往后一仰，把眼药水滴入干涩的绿色眼睛里，以弥补失去的液体。

要允许自己哭泣，这一点很重要，我说。

我知道，但我今晚要工作，你知道我一哭就非常累。我不能肿着眼睛去表演。想想吧。

上个月，她与伦敦一家酒店签订了一份滚动合同，她在那里当常驻歌手有四年了。工作日的三个晚上，再加上周末，她都会在那里唱歌，面带微笑，表演给人看。她为穿着考究、很少鼓掌的食客演唱民谣和热门歌曲，这时光是很美好，但真正让她着迷的是爵士乐。爵士乐狂野、轻松、即兴，让她整个人沉浸在兴奋和狂喜中。这蓝调音乐如此悦耳和谐。

这一切都要感谢她的父亲泰德。玛丽安娜叫他老爸[1]，泛泛之交叫他爱德华，亲密的朋友则称呼他为泰迪。他在车库地板上摊开黑胶唱片，摆成整齐的四方形，手里拿着一瓶冰镇啤酒，兴奋地给他唯一的孩子讲述他毕生的热爱。

爵士乐是一种通行权，他说。*是一种不需要学，就可以感受到的快乐。爵士乐能打动人们*。他弯下腰，把唱机转盘针放在他选的唱片上，调高音量，然后转身面对她。*此时此刻：享受宽容和自由吧*。

她看着充满激情的他，他的腿脚夸张地晃动着，眼神坚定而敏锐，在房子旁边的车库里播放《为我泪流成河》，这首歌给她带来了最深切的痛苦，以及一种她此后再也难以获得的快感。

能感觉到吗？他问道。

她感觉到了，深沉，富于节奏。但她 17 岁的身体还不足够。她太年轻，还不成熟，尚不能体会到菲茨杰拉德完美的音高和史诗般的拟声唱法带来的全部感情。她不知道该怎么办，只能坚持说，*老爸，再放一遍，声音再大一点！*音乐声再度响起，她闭上眼睛，摇晃着臀部，喝了一口他的冰啤酒，告诉自己要抓住这一刻，因为这是她和老爸建立联系的方式。这是一个为他们二人创造的时刻，他们都可以沉浸其中，发光发亮。他笑了，很高兴她找到了，体验到了那份感觉。

孩子，你的血管里流淌着爵士乐。

---

1 原文为 Pops，也有“流行音乐”之意。——译者注

她用纸巾擤鼻涕。

婴儿，幸福的夫妻，哭肿的眼睛，从哪里开始呢？我说。

玛丽安娜清了清嗓子，看看钟表。从婴儿开始吧，她说，拿起一个可重复使用的水瓶，喝了一口里面的东西，我来这里，就是因为这个，对吧？

确实。那就从婴儿开始吧，我回答说。

他们无处不在，她说。火车，餐馆，咖啡厅，还有我步行来这里的路上。这太令人沮丧了。甚至我妈妈的画里也有他们，胖嘟嘟的婴儿。

她双臂交叉，放在胸前。

你仔细考虑过我们之前讨论的事了吗？

她点了点头。这也是我回家的原因之一。我想和妈妈谈谈这件事。

进展如何？我问，知道那趟晚点的火车把她从和母亲度过的周末中解救了出来。我曾做过记录，提醒自己要讨论玛丽安娜对母亲认可的渴望，但不是今天。今天我想探讨一下她的渴望。

还行。她表现得还不错，她说。我试着和她谈，但她认为我应该坚持和卡尔走下去。她说一个人做这件事很难，我应该等到他准备好生育子女的时候。而这可能永远不会发生。

他一点也不想和你生育子女？我问。

一点也不。

哪怕是一点进展，也算是进步，我说。

有一位妈妈带着孩子上火车，就坐在我对面，玛丽安娜继续说。她们看起来很幸福，很可爱。我真想伸手摸摸她们。但我没有，因为那样会很奇怪，对吧？

不仅奇怪，也很不妥当，但我没有这么说，而是说，我认为你所做的决定很正确，不该去碰陌生人和她的孩子。不过这有助于你探索想要个自己的孩子的渴望。

我妈妈认为不该独自做这件事。

我看了看表，好确定是否有足够的时间来探讨她与她母亲、她现任男友之间复杂的关系。即使你对卡尔不满意？

初春的时候，玛丽安娜尽了最大的努力去原谅卡尔。他没有说我不再爱你了，也没有说我爱她，但整整两年，玛丽安娜一直以为他们之间是有爱和承诺的，因此，他的不忠让她深感震惊，让她像爆米花的玉米粒一样失控了。

凌晨两点，她在我的语音信箱里留下了一条含糊不清的信息，说，我可能需要找人谈谈，你能帮忙吗？独自一人，又遭到了遗弃，夜晚竟变得如此沉重。

她心里有什么东西变得极端了。她怀疑卡尔和别的女人上床了。然而，种种迹象给人的感觉太过明显、太过平淡。比如他换了发型和须后水，还买了健身房的会员卡，而怀疑这些，显然是她喜欢疑神疑鬼，缺乏安全感。卡尔绝不是那种平庸的人。但这是对人类行为的误解。后来，她开始对自己发出刺耳且有节奏的声音。那些声音声称平庸的是她，而不是卡尔。我怎么会如此愚蠢，如此盲目？她叫道，炯炯有神的绿眼睛盯着我。我每天都好像在梦游，不敢去探究他在做什么。

心理治疗师称她的这种情况为“防御机制”，是一种无意识的尝试，试图保护并使我们远离自己无法忍受的内心感受。防御机制，或生存机制，是人类心理否认自我认知的众多方式之一。

我们有时会忽视这些迹象，不管它们多么明显，我说，*也许是因为我们害怕真相？可以说是害怕未知的已知*。

否认是聪明的做法，却也说明了恐惧。它试图让我们远离潜在的危险和伤害。这也是一种保持关系的方式，病人可能希望保持这种关系，可能是因为孤独，害怕被抛弃，或者在玛丽安娜的生活中，是因为她非常想要一个可以让她倾注全部爱的孩子。玛丽安娜把她的否认转向内心，告诉自己，*你反应过度了，你是在无事生非，你太夸张、太敏感了，不要胡思乱想*。这些话能使她的真实处境不那么痛苦。回想起来，她对自己无法接受卡尔的欺骗和表里不一感到同情。她发现了亲密晚餐的收据，而她并没有和他同去，闻到了他衣服上的香水味，感觉到他在床上对她没有欲望，但她立即告诉自己：*别再胡思乱想了*。

她也想知道一点，他毫不隐瞒自己劈腿的事，是希望她能发现并惩罚他，还是他已经不再爱她，不再尊重她了，而后者更让她痛苦。

见他如此明目张胆，如此厚颜无耻，她不禁感觉不寒而栗，并为自己*有眼无珠*而惩罚自己。

她 23 岁，有一双小而漂亮的眼睛，名叫汉丽埃塔，昵称是汉妮。她身材娇小，思维敏捷，穿着考究，留着时髦的黑色齐短发，*胸比我大很多*，而且，她有能让国际客户心甘情愿掏钱陪她的天赋。玛丽安娜一遍又一遍地想象着卡尔把脸埋在汉妮的乳房之间，抚摸着她的身体，吻着她的脖子。她想象深夜在办公室里，办公桌上的文件被推到一边，给她的小屁股让路。她想象着他们两个都因为偷情而感到刺激不已，卡尔上演了一出常见的戏码：老板和秘书在办公室偷情，却被外面的人看个一清二楚。而玛丽安娜看到的就是这一幕，并因此痛苦不堪。

有段时间，她就是个失去理智的疯女人，她不喜欢记住那样的自己。整日酗酒，暴食蛋糕和馅饼这些她并不常吃的食物，搞得身材发胖走形，活像个冰箱。她迟迟没有意识到他的背叛给她留下了毁灭性的后果。胡乱与人一夜情，整夜整夜地工作，不肯清洁和走进浴室。她试图粉碎那些工作时的记忆，当时她服用了大量的心得安[1]，以至不愿动弹，她的歌声几乎连自己也听不出来。于是她把那个疯女人关进一个盒子，猛丢进大海，让她滚得远远的。这样一来，疯女人就没有能力羞辱或提醒她他与汉妮偷情，她为此痛不欲生，提醒她只是在忍受，并艰难应对。

过了六个月，卡尔才说对不起。我犯了个大错，你能原谅我吗？他说，手里拿着一束白色绣球花，在玛丽安娜当驻唱歌手的酒店外面等她。她没有回答，只是同意喝一杯，并让他捧着那大朵大朵的花，而她则沿着泰晤士河走着，听他絮叨。在酒吧里，她为自己想要卡尔回来而失望，她的心里涌动着一种渴望，而他的名字用鲜血刻在她的心里。喝完第二杯酒后，他向她靠近了一

1 一种用于治疗心律不齐、心绞痛等的药物。——译者注

点，试图抚摸她脖子的曲线，但她保持冷静，往后一缩。在她的心里，背叛造成的伤口依然血淋淋的，没有愈合。

那时候，他先是与前任萨姆闹得不欢而散，紧跟着他母亲去世，而她一直在安慰他，难道这样都不能赢得他的尊重？你伤了我的心，卡尔。难道她不够关心他，没有帮他重新振作起来，摆脱所有追她的男人的纠缠？难道她没有带着治愈和觉醒的感觉去接触他，而那种感觉就是爱？玛丽安娜邀请卡尔进入她的生活。我选择了他。然而不知怎的，她被遗忘了，被取代了。一次推销和一具新鲜的身体，就有如此魔力，让他潜逃，又把玛丽安娜变成了一个疯女人，躺在床上，怀疑自己是否还有理智，怀疑自己的欲望，更糟糕的是，怀疑自己是谁。

卡尔又点了些酒。

我吓坏了，不知所措。但我现在准备好了。我希望我们能重新开始，他说。我们一起住吧。

就在这时，意外的结局出现了。

我们生个孩子吧。

有一点我很感兴趣，那就是玛丽安娜怎么会如此轻易地接受卡尔回到她的生活中。还有一点让我很烦恼，那就是我们生个孩子吧就像一个胡萝卜，挂在一根一英里[1]长的棍子上。最近几周，他又一次离开了，不是离开了她，而是远离一起生孩子这件事。他的理由是：我希望在一段时间里，只有我和你，我很想念你，

1　英美制长度单位，1 英里合 1.6093 千米。——译者注

我爱你。这些话都是在亲密时刻说的，那时候的他们一丝不挂，玛丽安娜尽管心存怀疑，却还是暂时恢复了平静。我需要点时间，在这期间，我要好好表现，让你知道我对自己的所作所为有多抱歉，卡尔说。

他们继续住在不同的房子里。

卡尔很圆滑。

一方出轨后，感情关系虽然有所改变，但绝不是不可能再续前缘，也不一定以失败收场。卡尔为什么劈腿？我很好奇，他出轨汉妮，与其说是为了离开玛丽安娜，不如说是为了解决他们关系中的问题。我想知道这个问题是什么。我偶尔也会看到，一方背叛后，二人的关系出现了改善，只是这种情况很少见。信任是讨论人际关系时经常使用的一个词，也是注定没有好结果的一个词，在它被打破后，对伤害我们的人，我们的信任就会变得很脆弱。至于接下来如何治愈，以及对双方有什么样的后果，都需要进行极为坦诚的对话，以讨论婚外情发生的原因以及是否有可能再次发生。一旦怨恨、报复和伤害被代谢掉，人们还会对破碎的关系、已经断裂的信任基础进行探寻。

玛丽安娜尽力去探求自己是否做错了什么，才会让卡尔做出不忠的行为。她有没有怠慢他，忽视他，做很自私的事？她有没有强迫他生孩子？还是因为她不愿意探索卡尔想要尝试的一些怪癖？

你没做错什么，卡尔说。都是我的错。生孩子，当爸爸，这吓到我了。

当我问她是否准备好接受卡尔重归她的生活中时，她的回答简单而直接。我的年纪越来越大了，我想要个孩子。我没有精力和别人重新开始。也许卡尔就是我的真命天子。也许就是这样了。

我评估了所发生的事、玛丽安娜为自己辩护的语气，我还考虑了她尖锐的语调变化。也许吧，但我担心如果我们不探索恐惧，我就会变得和你一样。

玛丽安娜向前倾身。我当然害怕。我已经38岁了。我的时间不多了。

切特·贝克[1]演唱的《我可爱的情人》中有一个重要节点，到了这个点，他的歌声会放缓，而他甜美的焦糖嗓音正好唱到但不要为我改变你的发型，如果你在乎我，留下来，我的小情人，留下来这几句。第二次唱到留下来，忧郁的钢琴音响起，每每听到这里，我总是怅然若失。这是一个温柔的请求，切特知道他已经失去了他的情人。我想知道，如果我和玛丽安娜放慢治疗过程，如果她不让恐惧影响她的行为，会发生什么？如果我们忍受她的疑虑不安，并找到方法将她所认为的无能为力重新导向自由和有选择呢？

变化带来损失。痛苦则是改变的动力。如果生活顺风顺水，我们感到幸福和满足，就很少会渴望改变。如果一个人很满意自己的工作，就很少会去寻找其他工作。如果我们热爱自己的家，并感到安全，就很少考虑搬家。但如果我们在日常生活中感到不开心、害怕、无聊、不信任或焦虑，那就是我们寻求改变的时候。治疗有助于探索和找出哪里是错误的。当某人有外遇时，改变立

1 美国爵士乐小号手、短号手和歌手。——译者注

即就会推行。遭到“不公正对待”的人，在这个例子中是玛丽安娜，损失和痛苦会加剧，还留下了空虚感，那么她必须适应一种不同的方式，与出过轨的人相处。

玛丽安娜怎么可能再次信任卡尔？她要怎么做，才能得到治愈，才能信任卡尔？她始终不信任卡尔，是不是因为她一直沉浸在背叛造成的伤害和感觉中？我想和玛丽安娜探讨一下，她接受治疗，是为了帮助她治愈或结束她和卡尔的关系，原谅卡尔，还是为了从总体上探讨他们之间的关系。现在，卡尔又回到了她的生活中，我把分析的目光再度转向了玛丽安娜。

你想要什么？我问。

我想要孩子，想要一个家，她一边用纸巾擦眼泪，一边说。

这对你来说意义重大。

是的，现在我觉得这比我和卡尔的关系更重要。但我不想做精子窃贼，她厉声说。

我以前从未听过这样的说法，由此引发的想象让我猝不及防。

你竟然提出了偷窃的概念，这很有趣，我说，尝试集中注意力。但偷窃，到底是为了什么？

她停顿了一下，把头发向后捋，用手腕上的一根带子固定住她浓密的卷发。

我……她把目光移开了一会儿，紧跟着又转了回来，我在偷窃自己。

怎么说？

我从自己身上偷走了自己真正想要的东西：做母亲，得到幸福的人生。

我清了清嗓子。

看来是这样，我说。

这是一个复杂的两难局面。玛丽安娜想要孩子，但一想到要离开卡尔，和另一个人重新开始，她就感到难以承受。作为女性，我们痛苦地意识到自身生物钟的现实，但我也想知道是否有其他使情况复杂化的因素，戏剧般的挣扎或历史重演。对玛丽安娜来说，想要孩子和成为母亲到底意味着什么？现在再来说说切特·贝克的重要节点，我写下我的想法，并加以强调：精子窃贼?? 放慢治疗过程。如果玛丽安娜的恐惧被暂停，并得到理解和具体表达，她是否就能够以不同的方式理解和体验她的渴望？她会不会发现，对她自己和她的身体，还有其他的选择？

我又煮了一壶咖啡，仔细思考她母亲的想法：她认为玛丽安娜最好还是和卡尔一起走下去，一个人做这件事很难。我想知道，比起玛丽安娜单身但有很多选择，她是不是更乐于见到她和一个男人在一起，但可能不幸福。到底发生了什么事，让她对女儿的渴望失去了信心？这些信息和看法，是如何对玛丽安娜产生如此大的影响的？

当她第一次注意到穿着一身黑色衣服的卡尔时，她穿着一条金色的鱼尾裙，胸前别着一枚朴素的人造钻石胸针，蓬松的草莓色头发随着她走向舞台而晃动。玛丽安娜身高五英尺十英寸，穿

着三英寸高的高跟鞋，所以显得更高。瞥见他的模样，她很庆幸自己显得高挑修长。他也很高大，头发向后梳得很整齐，神气十足，让人觉得既危险又兴奋。

在不到一年的短短治疗时间里，玛丽安娜表达了一个观点：无论过去还是现在，男朋友对她有性吸引力，可谓非常重要，而且是绝对必要的。还有一些规则：他们必须风趣、英俊、身体健康、忠诚、迷人、有一副好牙齿、善良。

这些规则，被打破过吗？我问。

我不知道。我从来没试过。

卡尔担任投资分析师的那家银行赞助了这次的慈善活动。玛丽安娜注意到一条柠檬色丝绸手帕稍稍露出他的上衣口袋，见他散发着老派的魅力，不禁感到既兴奋又安慰。玛丽安娜与他对视，调整麦克风的高度，以适应她穿了高跟鞋的新身高，她想知道他是否懂爵士乐。

大厅里慢慢变成了黑领带和拖地礼服的海洋。椅子的靠背上用浅色丝带系着几十个装满五彩纸屑的透明气球。玛丽安娜想换歌，便转向钢琴师里奥，他也同意了，两人都确定了一首歌：《最恼人是春天》。

她是在第二个月的一次治疗中告诉我这件事的，我听了微微一笑。我不是那种喜欢板着脸的心理治疗师。不止一次有人告诉我，我的脸上什么情绪都藏不住。

你知道那首歌吗？玛丽安娜问。

是的。

那它对你有特别的意义吗？她高兴地问，眯着眼睛，目光里带着好奇。

在心理治疗中坦白心里的秘密，及其带来的道德困境，是一个备受讨论和争论的话题。以前，电视、戏剧和小说中对心理治疗师普遍刻画的形象是，他们保持中立，少言寡语，还有点疏离，无论是病人提的问题，还是透露的秘密，基本上都对他们没有影响。然而，这不是我可以使用的治疗方法。我的方法是与病人建立关系，与他们一起合作，病人会对我产生很大的影响。假如情况允许，我会尝试创造依恋理论先驱约翰·鲍尔比所说的“安全基础”。在这个基础上，病人和心理治疗师之间可以逐步建立有意义的关系。病人开始感到自己得到了更为充分的关注和接受。随着信任日益加深，情感也将趋于稳定，进而可以分享真实的想法，也可以承担建立关系所带来的风险，就像问治疗师问题一样——如果病人愿意的话。

对玛丽安娜选的那首歌，我报以一笑，表明它对我有特别的意义。我不由自主地想起了我的婆婆弗兰，她已经去世了，《最恼人是春天》的歌词就是她写的，她会简称这首歌为《春天》。

当嘻哈教母弗兰第一次为我播放她的这首歌时，我正坐在她家的后院，想着怎么才能彻底离开新闻这一行，专心做一名全职的心理治疗师。我一边吃着弗兰的招牌菜烤金枪鱼配玉米片，一边听着菲茨杰拉德版的《春天》，对生活中可能发生的变化感到矛盾。我记得自己体会到了这首歌的痛苦和甜蜜，然后转向弗兰说，美丽的也好，恐怖的也罢，我想我需要让自己去面对所有的一切。

当然，弗兰说，最好的决定都是这样做出来的。

对心理治疗师和患者来说，我认为有效的心理治疗在一定程度上需要双方的合作。虽然治疗师的责任是保持界限，但也要根据经验应付和衡量该说什么，怎么说，或者到底该不该说。这一次，我决定回答玛丽安娜的问题，我说，是的，它对我有特别的意义。第一次听《最恼人是春天》，我正在考虑成为一名心理治疗师。

你在那以前是干什么的？

我是一家杂志社的艺术总监。

很高兴你不再是了。

假如玛丽安娜的问题转向另一个方向，假如她问是谁给你放的歌，或者你第一次是在哪里听的，我也许可以进一步说明。如果以体贴的方式回应，那么尝试建立联系，可以鼓励治疗师和患者之间形成依恋和信任，同时实现与弗洛伊德那“无情倾听者”的经典方法截然不同的东西。我注意到玛丽安娜没有问是谁和在哪里，这让我停下来考虑她是否并不想知道答案。她的问题可能仅限于她能听到的事，仅与我的工作有关。

在将近 20 年的时间里，一直都有人告诉我，在咨询室之外想起治疗师，可能是一种很复杂，有时甚至是非常不舒服的经历。病人们道出了他们对我的各种看法，以及他们想象我在 50 分钟治疗时间之外的生活是怎样的。一位病人想象我在周末开着敞篷跑车到处去，其他人则想象我没有孩子，没有母亲，去教堂做礼拜，是酷儿，单身，或已婚，还会武术。另一个病人认为我一直待在诊所，就睡在沙发上，到了晚上就把沙发拉出来当床睡。后来，她震惊而失望地发现，沙发没有这样的功能或机制，不会变成床。一位病人还说，她在诊所附近的一家超市购物时碰见了我，不由得惊慌失措，连装满食品杂货的购物车都不要了，因为在我们每周见两次面的诊室外看到我，感觉是那么不知所措。*那你以为我去哪里购物？*我问。

在我的印象中，你不需要购物，也不需要吃饭。

在过去的一个世纪里，认为治疗师是空白屏幕的经典弗洛伊德理论，已经有了很大的发展。我认为，现在治疗师越来越少只是坐在沙发的一端，当一个被动的倾听者，与病人仅有有限的眼神交流，很少或根本没有回应，这样的进步是必要的，也是可喜的。揭开治疗和治疗师的神秘面纱，不仅有助于鼓励围绕心理治疗展开对话，还可促进人们思考和谈论不安的情绪、抑郁、创伤和治疗。这提供了机会，让人们参与诊疗以外生活的渴望，在诊所里关于工作和爱情的话题之外，占据了应有的位置。知道治疗师并非没有人性，也不是不受感情、主观的影响，也会有反应，知道我们吃饭、购物和呼吸，能像其他人一样有爱、欲望、希望、恐惧和不安，这对增进彼此的亲密、尊重和认可很重要。在这个过程中，治疗师和患者就能一起感受、分享和体验治愈的力量。

因此，在告诉玛丽安娜我以前从事的职业时，我知道她第一次见到卡尔时唱的那首歌是一个接触点。这是一个建立相互关系的时刻。在这次交流中，在这个邂逅的时刻，我们能够承认我们彼此都存在于治疗空间之内，也存在于这个空间之外。

玛丽安娜在慈善活动上表演完，卡尔站起来鼓掌。玛丽安娜感到心花怒放。卡尔用手模仿喝饮料的样子，又指了指他旁边的空椅子。玛丽安娜笑了，用唇语说，好的，谢谢。

和他在一起，她感觉到了一种特别的悲伤，尽管他的谈话和迷人的衣着都表明了截然相反的情形。玛丽安娜了解到他很喜欢爵士乐，但并没有把它当作一种通行权，不过如果她好心地做介绍，他很愿意踏上这段体验之旅。卡尔谈到了他在慈善活动中的任务，他的母亲最近因乳腺癌去世了，当他给玛丽安娜倒香槟时，她注意到他的左手没戴戒指。后来，她发现他住得离她家很近，喜欢板球和跳摇摆舞。你愿不愿意找时间和我一起吃晚饭？他问。

玛丽安娜满脸通红，立即接口说，是的，是的，我愿意。看到她如此热情，他便补充说，好，好，我很高兴，他不由得顽皮地大笑了起来。

他们的邂逅，便是如此。

在第二次约会的时候，他们接吻了。他的唇是苏格兰威士忌和热薄荷的味道。玛丽安娜放松下来，一吻结束后，她依然闭着眼，当她再次把眼睁开，对上的是卡尔的微笑。细软的雪落在她的衣领上。计划好的第一次约会泡汤了，卡尔迟到了一个小时。玛丽安娜决定不再等了，她走回家，心里很难过，有种被抛弃的感觉，同时告诉自己她并不在乎。道歉的短信来了，还打了很多电话。一束深紫红色的手捧牡丹送来了，里面有一张便条，花插在一个绿松石花瓶里，就摆在玛丽安娜的餐桌上。

对不起。我们能再试一次吗？卡尔 ××。字条上这么写着。

玛丽安娜研究了他选择这种花背后的含义，发现花语是难为情和羞怯之意。或许是她高估了他想取悦她的承诺和尝试？这些精致的红色花球堪称完美，因不当季而价格昂贵，可能只是忙碌的花商挑选的？玛丽安娜等了一个星期。她小心翼翼，没有表现得太好哄劝，表现出些许怒意，但也没有做得太过分，让自己显得单调乏味，或是太小气。

你的冷淡达到预期的效果了吗？我问。

当然，她笑了。

一到第二次约会的餐厅，玛丽安娜就喜欢上了富丽堂皇的镶板墙壁和金色上射灯的温馨灯光。外面，厚厚的积雪落在人行道上，像雪白的披巾均匀地铺开。她喜欢雪，她摸了摸脖子上感觉最冷的柔软部分。寒意穿过她的身体，她忍不住打了个激灵。头发斑白的餐厅经理询问预约的姓名，并交给她一个取衣号牌，接过了她的外套：那是一件阿斯特拉罕羊皮黑色复古外套。玛丽安娜站在那儿，僵硬而喜悦。

门突然开了，一阵狂风跟着卡尔吹了进来。玛丽安娜感到自长方形的门槛进来的寒冷夜色唤醒了她的脸，让她僵直的肩膀放松了下来。

你好，卡尔说着，吻了吻她的脸颊。玛丽安娜仔细地注意着他那柔软而热情的嘴唇。他的唇从她的皮肤抽离时的声音，以及留下的感觉，深刻而默然。

你好，很高兴你能准时来，她揶揄道。

我非常抱歉，我会解释的，他回答。

他一定要坐在弯曲的大理石吧台边，这个中间的位置很暴露。她特意穿了那件新的黑色一字领连衣裙。简约的珍珠衬托着她白皙的皮肤，就像小兽的牙齿。等她转过膝盖，他顿了顿，便坐在她旁边的一个高脚皮革酒吧凳上。这是一种奇怪的肢体交流，有那么一会儿，让人感到尴尬和笨拙。

想喝点什么？卡尔问道。

带气泡的，她说。

那我们喝香槟吧，他温柔地回答。

他们的话题转到了三周前二人相识的慈善活动上。玛丽安娜的肩膀放松了下来，她品尝了摆在层层碎冰上的各种贝类，而最上面放着一只肥美的龙虾。它的爪子闪亮、鲜红、完美。眼睛仍然完好无损，瞪得大大的。她寻找送来比较迟的洗手盅，优雅地小口吃着虾、鸟蛤和牡蛎。玛丽安娜难以自持，很想伸出舌头舔舐，这就像瘙痒的感觉一样，但她担心要是舔了嘴和手指，可能会显得粗鲁，或者明显像是在调情。

玛丽安娜和卡尔没有谈起第一次约会他为什么迟到了一个小时，但后来她发现这是因为他遇到了前任萨姆。他们只是讨论了工作、玛丽安娜上次在瓦伦西亚度假的情形、朋友和家人：第一次（第二次）约会通常都会有的寒暄，不会太沉重，也不会自以为是。

你爸爸也住在剑桥吗？卡尔问道。

不，我老爸去年去世了。

玛丽安娜突然意识到，她一直在谈论老爸，好像他还活着一样。

你说你谈起老爸，好像他还活着，你是怎么理解的？我问。

对他已经去世的事实，我无法接受，她说。我在一定程度上仍然没有接受。

晚饭后，他们走到他在肯辛顿的公寓。卡尔精力充沛，只是酒精让他的双眼变得有些呆滞。玛丽安娜害羞而警惕。她的脸暴露在寒冷的天气中。当他摘下一只棕褐色的皮手套，用温暖的手轻轻地抚摸她的脸颊，她只觉得心中小鹿乱撞。然后，他的吻落了下来，带着热薄荷和苏格兰威士忌的味道。

午夜时分，她在他那间漂亮的房子里抽了第二根烟，身上一丝不挂。她想，她应该坚持完成其他的承诺。只是等待毫无意义。一再克制，但还是投降了。

在她打车回家的路上，卡尔给她发了一张他家床铺的照片，而她决定在凌晨三点离开那张床，去上早唱课：我已经开始想你了，卡尔 ××。

他试图说服她，留下吧，好吗？她穿好衣服朝门口走去，他看上去很受伤，带着一丝苦涩。他说了一句“那么晚安，再见”，她感觉到了他声音里的一丝不快，接着又对她的离开生出愤慨。在回家的路上，玛丽安娜琢磨着他以后会不会为此惩罚她。

他有吗？我问。

你指惩罚我？

我点头称是。

也许从那以后他就一直在惩罚我。

第二天早上，玛丽安娜在被窝里动来动去，想着前一天晚上的情景。她喜欢卡尔在他家的厨房冰箱旁抚摸她，而她怀疑冰箱里装满了肉和生菜，也喜欢他灵巧的手指知道如何解开她的黑色裙子。珍珠贴着她裸露的皮肤，玛丽安娜的锁骨就像救生筏一样，串在一起精致而美丽的珍珠就搭在那里。她还记得他是怎样迅速地带着她，一起倒在冰冷的厨房地砖上的。骨与肉，紧紧贴着地板。

她想知道卡尔是否也在想她，是否原谅了她的离开。她看了看表，把被子推到一边，瞥了一眼放在梳妆台上的包。珍珠项链就放在里面，在离开他的公寓前，她小心地用卫生纸将它们包起来，放在了包里。卡尔在厨房地板上粗暴地对待她，结果把项链弄断了。他的大手覆住了她的身体，他那强大的力量坚持要她跪下，玛丽安娜觉得刺激不已。当他命令她为他做这做那时，声音里的欲望使她感到兴奋，几乎沉醉其中。明天她要把断项链送到圣约翰街的珠宝店去，要将珍珠重新串好。在那里，她会假称她自己用拉链夹断了项链。毕竟，那是一份特别的生日礼物。

在治疗进入第四周的时候，我问玛丽安娜，*有一点，不知需不需要我过问。你提到过，别人命令你做事，你就会产生快感。这是你的怪癖吗?*

*我不知道，你是心理医生，*她耸耸肩。*但是，是的，我有时很享受危险的性爱。*

过了一会儿，我才注意到她的不屑。*但在这段感情里的人是你，我认为你是来找我帮忙的。断项链的事，我们需要讨论一下吗?* 我问。

她目不转睛地盯着我，还抬起下巴。不，她说，你不用担心。我只想让你听我说。我乐意。

那好吧，我回答。

那天晚上晚些时候，在酒店里，玛丽安娜穿戴打扮完毕，用一条丝带系在脖子上，盖住卡尔的手指留下的痕迹，她情不自禁地又想起了他。他没有像大多数男人那样，在她和他们发生性关系后给她打电话，她对此感到奇怪。喉咙里涌起一丝失望，于是她喝了一杯温水，抚慰自己的喉咙。玛丽安娜拿出包，撕开卫生纸，抚摸着松散的珍珠。看着破碎的项链，一种亲近感在她心里油然而生。珍珠在她的掌心滚动。她的手指握成杯状，不让它们滚落。玛丽安娜想要随身携带他们共度良宵的痕迹，就把珍珠放在了她红色礼服的口袋里。她想象着那晚一边唱歌一边抚摸着断项链。珍珠光滑，抚摸它，就像在捻念珠。她的不安暂时减轻了。

结识男孩是一回事，找到一个你愿意与他相处的人，就是另一回事了，玛丽安娜用缓慢而低沉的声音模仿她的老爸说。

玛丽安娜从她带来的瓶子里啜了一口水，告诉我，当她和一个叫利克斯的小伙子约会完回家后，她带着少年的夸张扑倒在人造革沙发上，宣称：这可真是我这辈子过的最糟糕的夜晚了。

老爸一直在睡觉，大腿上放着一个烟灰缸，烟雾缭绕，气味刺鼻。他的眼睛通红，像是有好几天没睡过觉了。她想知道他那周有没有去上班，还是他弹钢琴的那家酒吧终于决定解雇他了。

地板上有个半满的玻璃杯，里面装的像是可乐，但玛丽安娜知道里面加了朗姆酒，尽管老爸已经戒酒了。他答应过一个月不喝酒，不吸大麻。前一天，她看到母亲在厨房里拥抱他，当时他在准备三明治。看到你这样，我真高兴，她说，你吃东西了，也是清醒的。玛丽安娜没有勇气也不忍心告诉母亲，他在车库的电唱机后面藏了几瓶朗姆酒和龙舌兰酒。

来吧，我们开车去兜风吧，老爸说着，又点了一支烟，把剩下的可乐喝光了。母亲躺在床上。她会没事的，别吵醒她，老爸说。

他开车载着玛丽安娜去了城镇边缘的一家酒吧。外面有一个带顶棚的用餐区，提供快捷简餐，还有一个游乐场供孩子们玩乐，而他们的父母则享受地在里面跳舞、打台球，寻欢作乐。在酒吧里，她和老爸并排坐着。他翻翻口袋，看还有没有香烟。约会时发生了什么？他问道。

她喜欢老爸表现出兴趣，喜欢他问问题。这样的时刻很难得，转瞬即逝，而只要有这样的机会，她就充分利用起来。

他不感兴趣。事实证明他已经有女朋友了。

真是个无赖。

她低垂下脑袋，下巴缩到胸前，感到嘴唇在颤抖。我真的很喜欢他。

忘掉他吧，菲利克斯[1]这名字糟透了，老爸轻轻地拍拍她的肩膀说。现在遇到悲伤的时刻，玛丽安娜仍然能感觉到他在自己身

1 前文的 Lix（利克斯）是 Felix（菲利克斯）的昵称。——编者注

边，像幽魂一样，犹如一个遥不可及的梦。

等她抬起头来的时候，看到了一个酒吧女招待，女人很漂亮，腰很细，马海毛毛衣上系着一条腰带。她给老爸端来了一大杯冰可乐。老爸没有点酒，但她显然知道该往杯子里面倒什么。你呢，亲爱的？她问。

橙汁马利宝酒，玛丽安娜说。

她也要可乐，或者只要橙汁，老爸说。

当然可以，泰迪，酒吧女招待微笑着说。玛丽安娜注意到她没有叫他泰德或爱德华。

真扫兴。她是谁？

一个朋友。

玛丽安娜为老爸保守了秘密。他让她撒谎，说是真相会伤害她的母亲，于是她照他说的做了。当他吐露心声，我永远不会离开你母亲，但我需要自由，孩子。她决定听凭他的要求，因为他一旦离开，对她和她母亲来说，生活将化为地狱。她学会了如何与真相保持若即若离的关系。

玛丽安娜把松散的头发别在耳后。看到了吧，我和老爸的关系是建立在背叛的基础上的。

那你母亲呢？我问。

我保证了她的安全。我代表她原谅了他。

现在她代表你原谅了卡尔，我说。只有你一个人知道卡尔的不忠，不像你妈妈，她不知道你爸爸有外遇。

也许她知道。

怎么可能？

玛丽安娜又喝了一口水。她怎么会不知道他有其他女人？那么多女人，不然她肯定就是个瞎子。也许她想让我和卡尔在一起，是因为这样她会好受些。假如离开卡尔，就意味着与她对老爸的态度完全相反。

我回想起玛丽安娜也很“瞎”，对卡尔的劈腿视而不见。她是继承了父亲的角色，还是继承了母亲的？你跟你母亲谈过他的风流韵事吗？我问。

没有。但也许是时候了。

是时候……？

我该停止服用避孕药了。卡尔永远不需要知道。

玛丽安娜看着我，没有一丝内疚或自我质疑。

谎言或背叛会让人震惊、反感和尴尬。每每遇到这样的时候，我的表情总是会传达我的心声。

怎么了？她厉声质问道。

当我准备进行大胆的治疗性交流时，我感觉自己的背部都挺直了。一次大胆的试验，我刚刚遇到的不可预测事件让我警惕起来，也很担忧。我是该对这种潜在的陷阱发出提醒，还是该邀请玛丽安娜冒险深入？或者我应该把潜在的谎言做出标记：需要进一步的探究？本来谈着她的母亲，可话题突然转变到了谎言的问题上，我想知道玛丽安娜做出这么有风险的行为，究竟是为了什么。发展受阻？自私？报复？还是玛丽安娜很需要别人的插手？

我的信心突然动摇了。时间到了，我说。50 分钟的治疗时间结束，这让我很恼火。我观察到，玛丽安娜在治疗结束时抛出了潜在的谎言这个爆炸性的消息，却没有时间供我们去质疑或探索。她一锤定音，这个事实的突然揭露让我感到好奇，晕头转向。真希望我有更多时间参与这个过程。但我得再等一个星期。

我很有兴趣进行干预。在动物王国里，可以说不该有人为干预。达尔文主义认为，所有的物种都是通过小的遗传变异的自然选择而发展起来的，这些自然选择增加了个体生存、生产和竞争的能力。我想到了一部非常美的纪录片《我的章鱼老师》，这部纪录片讲述了电影制作人克雷格·福斯特与一只普通的野生章鱼建立了一段最不可能产生的友谊。在 376 天的时间里，福斯特每天都去看那条章鱼。在观看这部纪录片时，福斯特和章鱼之间形成的依恋关系，以及福斯特对他们缓慢发展的亲密关系的尊重，都深深地打动了我。一位同事也看了这部纪录片，一天吃午饭时他说，*章鱼拯救了他*。我却不同意。*是他们的关系拯救了他*，我说。

有一天，福斯特目睹了一条睡衣鲨袭击那条章鱼，还吃掉了它的一条触手。看着章鱼用断了的触手躲在岩石和海藻下面，浑身颤抖，生命从它粉红色的身体里慢慢流失，它渐渐地变成了幽灵般的淡灰色。我哭了。对普通的野生章鱼而言，它们一生中的每一天都在面临生存考验，它们就像是处在一个永远流动中的突击训练场，它们必须尝试智胜、伪装和躲避海洋生物的捕食者。为什么福斯特没有试着把它救出来，不受鲨鱼的攻击？*你知道，有一条线是不能越过的*，福斯特边说边游向陆地。为什么事物的自然规律如此残酷？我感到愤怒，却也无能为力，但主要是心烦意乱。我开始思考自己作为心理治疗师有多脆弱，有多么大的局限。像福斯特一样，我与人们的关系永远在变化，大多数时候我都在提醒自己，心理治疗的过程并不完美。我们是有同理心的人，彼此协调，彼此感受。作为人类这个物种，我们的成功根植于我们能够意识到彼此的需求，注意到他人的痛苦或缺乏安全感，并体验到深刻的情感共鸣。当一条小触手开始慢慢地从章鱼的伤口里长出来时，我突然想到了什么。也许现代心理治疗不是激进的干预，而是试图影响病人，帮助他们更清晰地思考，并邀请他们建立一种关系，在这种关系中，他们不必独自面对自己的困难，无论那困难是谎言还是背叛。

心理治疗是心灵和思想的努力，治疗师和患者双方一起探索生而为人的意义。作为心理治疗师，我们可能想要说服病人做一些不同于他们目前所做的事，例如，不要撒谎。然而，我发现有用的方法不是哄骗或说服，而是试图找到一个有用的问题来询问谎言或行为。推动改变的是理解，而不是说服。如此一来，病人便可以道出内心深处的希望和恐惧。若是遇到了危险和自残，干预虽然是必要的，但也很复杂，但否认病人的适应能力和求生的经历，也许会掩盖各种可能性。下次见面时，我会试着给玛丽安娜讲讲这些。

消息传来，她最亲密的朋友之一西耶娜怀孕三个月了。我们

并没有刻意求之，可居然就有了，西耶娜满脸喜色，指着自己的肚子说。玛丽安娜感到热辣的泪水刺痛了自己的眼睛，她很快就找到了一种方法来掩饰内心的嫉妒，强迫自己露出疯狂的微笑，那笑容很灿烂，却有些微颤抖。我真为你们俩高兴，她唱道。她们两个都点了沙拉，没点酒，假设开始了：你和卡尔呢？啊，我不确定我们是否准备好了。是吗，但你经常说想要孩子？啊，真的吗？我们才刚刚和好。当然，但别拖太久，时间不等人。

玛丽安娜去了洗手间。她翻找包里有没有 β 受体阻滞剂。最近几周，她越来越多地服用这些小小的蓝色药片，这些药片可以缓解她的心绞痛，不让她的双手颤抖，防止上唇冒汗。她凝视着镜子。她的瞳孔扩大了，挡住了她那双绿色的虹膜。她看着恐慌消失，对着自己在镜中的影像大声说：

我不开心。

有些事必须改变。

卡尔永远不会知道我停止服药。

我一个人就能搞定。

未来会怎么样？

✦

下午四点。

首先，我想回顾一下你上周说过的话，我说。

玛丽安娜睁大了眼睛，就在她要说话的时候，脸上蔑视的表情很快变成了害羞。

我看得出来，我坦白自己停止服用避孕药，这话让你感到震惊，很不自在，她说，害羞的目光垂到脚上。

坦白，是一个有趣的词，我说。

事实就是如此，坦白。

这么长时间以来，你一直为你老爸不检点的行为保密，我很想知道，如果陷入类似的行为，是不是就能让你和他的关系继续保持下去？

这么说，在某种程度上，我变成了他？是的，也许这能在一定程度上让我觉得他还活着。她停顿了一下。我可怜的妈妈，她说。

我们沉默了一会儿。

然后，她说，我不知道该怎么办。

我向玛丽安娜指出，她和卡尔的关系与她父母的婚姻非常相似。她很像她的母亲，选择否认任何不忠的证据。

在我看来，在你的坦白中，你是在下意识地表达你小时候的痛苦和挫败感，我说。

有那么一会儿，她没有回答。

我没有意识到自己心里的恨意有多重。

我的沉默让她的话语噼里啪啦地在房间里振动。

玛丽安娜也没有吭声。

沉默在继续。

我最近看了一部纪录片《我的章鱼老师》，我又说道。

是的，我知道这部片子，不过还没看过，她有些困惑地说。

我之所以岔开话题，是有道理的，我又说。

我解释了我观察章鱼的经历，以及我是如何对它产生了难以置信的保护欲。当睡衣鲨在它藏身的岩石周围打转时，我多么希望福斯特能伸出援手。他没有干预，我对他这样的决定感到矛盾，但我也相信他的决定是对事物自然规律的尊重。

你的意思是，不要破坏自然？

是的。心理治疗大体上也差不多，当然也有所不同。对你决定停止服用避孕药这事，我很矛盾，不知道该不该干预，但我也想知道，你告诉我这件事，是否在试图传达你需要我做些别的事。

我希望你告诉我该怎么做，这样我就不用做决定了，她说。

我很愿意帮助你自己更清晰地思考，我说。

她的情绪突然发生了变化，手攥成了拳头，手心里的纸巾也被揉皱了。

我从来没有对他不忠，她厉声道，虽然有无数的机会。

我没有回答。这是真的，她没有。她深爱着卡尔。她相信卡尔也爱她。在这个故事里，知道玛丽安娜很漂亮是很重要的。她的注意力、身体和声音都是那么出色。当诱惑如雨般洒落在玛丽安娜身上时，她会决定如何处理。当雨水从别的男人身上落下时，她会用优雅和智慧的伞把雨挡开，让他们知道她很幸福，并且和男友十分恩爱。

玛丽安娜向前倾身。还记得我跟你说过有一次我和卡尔打算去安提瓜看我姑妈吗？

记得。

老爸去世了，她那里有一些他的遗物，她想送给我。卡尔说他必须工作，而我必须去。结果呢，他其实是在和汉妮鬼混。

我还记得你说过你非常孤独，感觉遭到了背叛，我说。

是彻底的背叛，她说，声音有些颤抖。

也许不仅如此，你现在面临着选择，我说。我很抱歉卡尔背叛了你，我也为那个不得不为老爸保守秘密的年轻姑娘感到难过。但痛苦并非命运。你所说的坦白，其实是一种报复。

我听过许多病人幻想进行报复。偶尔这也会给他们带来痛苦和无力感。谈论和思考这些黑暗的欲望是有帮助的，这样羞耻、伤害和羞辱就会得到理解和承认，而不是对其采取行动。有一次，一位病人告诉我，因为房东疏忽大意，贪财成性，不提前通知就把她赶出了出租屋，她真恨不得抓几只蛆虫藏在屋子的地毯下面。还有个病人说要在和她男友上床的室友的护照上乱涂乱画，另一个病人坦白说，她曾把过期的食物缝在她的死对头，一个舞蹈演员的衣服下摆里，还有病人告诉我，她很想在同事的储物柜里放毒品。在所有这些故事中，想要报复的病人都有一个共同点，那就是都遭受过伤害和背叛。

玛丽安娜经常想知道，为什么她的母亲从来没有报复过她的父亲？有比报复更糟糕的事情，她说，那就是冷漠或自怨自艾。

治疗结束后，玛丽安娜会直接去上班，参加晨间彩排，她的演出服像一张巨大的餐巾一样叠着挂在胳膊上。她无法也不想逃避对复仇的渴望。她想知道为什么自己做不到冷漠以对。

后来，她转向钢琴师里奥，让他知道她准备开始唱歌了，修好的珍珠项链贴着她的锁骨。她注意到自己的呼吸深沉而稳定，手腕上的脉搏很轻，很有规律，还很稳定。她对着一群就餐者微笑，他们坐在下面，端着三角形的鸡尾酒杯，杯子里有一两颗橄榄。她决定了，唱完歌后，她也要喝一杯马提尼。玛丽安娜沉浸在一种感觉像是新近才发现的自由中，闭上眼睛唱起了《终于》。她的声音铿锵有力，很有代表性。她想象着埃塔·詹姆斯[1]，金发碧眼，有着一张小精灵般的面孔，她每唱一个字，每唱一段福音般的音乐，都情不自禁地微笑。蓝调和乡村音乐就像一个混合的梦，《终于》。

玛丽安娜有很多选择，她不再是受害的一方。她认为自己占了上风，处在优势地位，如果卡尔走错一步，她就有能力报复。在过去的几周里，她一直在试探他，几乎逼得他做出出格行为。深夜，她想做爱，他却没能开车赶过来，*这值得注意*；他没有立即回她的电话，*这值得注意*；他没有专门打电话对她说*我爱你*，*这值得注意*；他点了懒人外卖，*这值得注意*。

*你觉得你什么时候能准备好要孩子？*她问卡尔，手里捏着一块豆豉鸡。

快了。

有多快呢？

*我不知道，玛丽安娜，快了。*这也值得注意。

那天晚上，她很想不再服用避孕药，这个想法既让她兴奋又

1 美国蓝调歌手。——译者注

让她害怕。她和卡尔做爱，一次，两次，三次。她闭上眼睛，想象着里奥在她两腿之间，沉醉于她的身体，却被卡尔撞见他们两个做爱。后来，她在挂在卧室门后的卡尔西装外套上烫出了一个烟孔，还不小心把他最喜欢的须后水洒在了浴室的水槽里。报复。

她觉得自己既释放了又像个恶魔。怎么怀孕，什么时候怀孕，都由我决定，而不是卡尔说了算。她还开始寻找精子捐献者，这样她就可以换一种生活方式。此外，她开始探索是不是可以和别人约会，就算和卡尔的关系发展不顺，也无所谓。

你与卡尔谈过吗？我问，他清楚你的感受吗？

她凝视着窗外。差不多吧，她勉强说道。

在一天下午的治疗时，她提前到了，我们讨论了她满腔的愤怒，这怒火是她的复仇之友，也是她的复仇推力。我觉得我的困境很常见，玛丽安娜说。你一定见过很多像我这样的女人。想当母亲的女人，想生孩子的女人。

我们沉默地坐了很长一段时间，谁也没有说话，我想着这不到一年来的治疗。我记得玛丽安娜凌晨两点在我的语音信箱里留下的第一条信息，诉说着卡尔背叛后她所承受的痛苦和折磨、老爸的去世是她无法弥补的损失、她的沮丧，以及一直以来她与母亲的疏于沟通。我想象着她在酒店唱歌，却希望她能在爵士乐俱乐部一展歌喉。我想象她成了单身母亲，有了新的伴侣，我还想象她仍旧和卡尔在一起，还有了他们的孩子。我考虑收养的可能性。我想象她没有孩子，却有很多的计划，能做到未雨绸缪。我突然感到筋疲力尽。

敲门声把我从想象中拉了回来。请稍等一下，我说。是邮递员来投递装不进信箱的包裹。我坐回椅子上，想象着我自己的儿子，回忆着他的出生，以及我身为母亲的生活。我想起了他的第一个生日，他迈出的第一步，以及他最喜欢的毛绒玩具。我很清楚做母亲的回报是多么丰厚。

玛丽安娜打了个哈欠，我问她这么半天不说话，是在想什么。

她直视着我的眼睛。

在捐精和背叛中挑一个，她说。

挑一张吧，老爸说。

玛丽安娜盯着两张装在套子里的黑胶唱片，知道自己正在接受考验。选错了，那么至少在晚饭前，都不会有人疼爱她。要是选择对了，那么那天白天和夜里，他都会尊敬她，疼爱她。

她伸手触摸迈尔斯·戴维斯的《那又怎么样》。老爸咧嘴笑了，肩膀摇摆起来，抬起他那台老式电唱机的唱针，接着，简明而旋律优美的低音和小号的乐声飘荡出来。他调高了音量，把查理·帕克的唱片放回箱子里，慢慢地喝着朗姆酒兑可乐。车库里搬进了两把椅子，是用浅色的柳条做的，上面放着厚靠垫，这样老爸日益衰老的身体能坐得舒服一点。第二天，他们将为他庆祝65岁生日。

车库墙上挂着她母亲的画：有托斯卡纳的乡间风景、海景、恋人和熟睡的胖婴儿。这些都是玛丽安娜渴望却无法拥有的东西。

她以为我会忘记她，所以在我的车库挂满了她的艺术品，老爸说。

我喜欢它们，有家的感觉，玛丽安娜微笑着说。

这里是我的避风港，我不希望这个地方变得和家里一样。

玛丽安娜脱下高跟鞋，把腿缩到身下。啊，老爸，你总是偷偷溜出去，总是想逃跑。你哪儿也去不了，我们都知道这一点。

老爸朗声大笑。你是对的。我们在一起40年了。我在骗谁啊？

完全正确。

你呢，孩子？你心里有人吗？

不，不算有。有卡尔。但这很复杂。

好吧，我来给你两条建议，他说。永远只做你需要做的事，这样才能让自己快乐，其次，学会原谅。

第二天，他们听查理·帕克的歌，吃姜饼。

这是玛丽安娜和老爸在一起的最后一天。

她来接受治疗，情绪激动，很是活跃。

我想我可能找到了一个合适的捐赠者，她笑着说。他叫爱德华。听来是不是很奇怪？

我不会说“没那么奇怪的”，也不会冒险谈起弗洛伊德的俄狄浦斯情结，我只是等她讲下去。

好消息是他叫爱德华，而不是泰迪，唷，她说，用手背扫了一下额头，假装松了一口气。接着，她翻了个白眼。

现在还没有确定下来。为时尚早呢。但他身材高大，体格健壮，心地善良。我不知道你对长期和短期的捐精者有什么看法，但他看起来很可爱，也很合适。不管怎样，我们聊得很好，所以下周我们会一起喝咖啡。

卡尔也去吗？我问。

她耸了耸肩。我还没告诉他爱德华的事。我还没决定。

我想知道我们是否可以探讨一下你的困境，更重要的是，是什么促使你做出了这个决定。我很好奇你为什么没有和卡尔讨论这个问题。

玛丽安娜停顿了一下，我注意到她的呼吸平静下来。见她这样，我放下心来。她的狂热让我想起了她接受治疗之初的情形，当时，我试着让一切放缓。她清了清嗓子，在椅子上向前倾了倾。我只是想让自己多一点选择的机会。

趁肚子尚未变得太大，为了享受几日的自由，西耶娜组织友人去巴黎度长周末。来吧，会很有趣的。我，你，还有凯茜，就像以前一样，她那怀孕的幸福朋友如是说。

在法国玩了四天后，玛丽安娜回到公寓，却非常担心家里被盗了。她没有开门，而是拿起包，走到街上。在那里，她打电话给西耶娜，没人接听。她又给凯茜和卡尔打，都没人接听。她给他们每个人都留了语音信箱。我应该报警吗？她琢磨道。恐惧和多疑折磨着她。多疑的心理竟然这么有影响力，她震惊了。这是多疑吗？窃贼还在我的公寓里吗？他们在偷什么？她盼着他们找不到那件她很喜欢却从没戴过的珠宝。

当玛丽安娜第二天来治疗时，她解释了自己进公寓前的恐惧。我花了将近一个小时才进屋。

有一种理论认为，多疑或高度紧张，让我们忽略了自己的愤怒，我说。但还有另一个理论，我想你可能会感兴趣。也就是说，人受到了冷漠的对待，多疑就是对这种感觉做出的反应。

玛丽安娜脱下围巾，将其像毯子一样放在膝上。

我不在的时候，卡尔连个电话都没打，她说。我给他留了几条信息。他回了短信，但没打电话。

多疑是一种防御，我又说。它保护我们，让我们不去认为并没有人把我们放在心里。你觉得有人入室盗窃，也许这么想可以保护你，免受一个更痛苦的意识的伤害，而这个意识就是没有人在乎你。或者说，你就是这么认为的。

她点头表示同意。我猜一个人住是没有帮助的，尤其是卡尔提出同居之后。

我呷了一口茶。一旦感到孤独或没有安全感，更有可能疑神疑鬼。你是独生子女，我说，那对你来说是什么感觉？

与我现在的感觉一点也不一样。妈妈总是在家画画，即便她不在家，老爸也会在。我放学回家，家里从来都没有空过。

我一一记下她的话，思考了一番。所以可以说，你小时候很少感到孤独。然而你现在疑神疑鬼，觉得家里遭窃，这么想使你不再感到孤独。你曾经问过我，疑心遭窃背后的原因是什么。在我看来，觉得有人偷东西或试图报复，总比觉得自己被人遗忘来得容易。你的多疑保护了你，让你感觉不到别人的冷漠，我说。

是的。我感到很难过，玛丽安娜轻声说。想要孩子突然变得合情合理了。

八月份，很多心理治疗师都去过暑假了，休息玩乐一番，这是一段长假期，就像给大脑使用漱口水清洁一番。多年来，我的假期一直取决于各种各样的因素，比如照顾孩子、是否疲累，最近则还要看写作项目是否忙碌。然而，在这个特殊的时间，我也决定在八月份休假，暂时放下诊所的工作，主要是为了休息，但也是为了抽时间陪儿子，他在年终考试后需要一个温暖的假期。

玛丽安娜表达了她对这段暂休期有何期待，而这样做的病人并不多。这并不是说我不想来治疗，而是我可以趁机考验一下我学到的东西，她在暑假前的最后一次治疗时说。

“考验”似乎是一个有趣的词，我想知道她到底想要考验谁，又要考验什么。也许是她自己，也许是我，也许是二者都有。这一点值得注意。我想知道玛丽安娜是否也对我撒了谎，什么时候撒的谎。

对于卡尔，她还没有决定，尽管在过去的几个月里，我一直建议她更多地试着活在当下，带着感觉去体验生活，玛丽安娜却越来越全神贯注于计划她的怀孕，考验卡尔，经常和潜在的精子捐献者爱德华一起吃午饭。她发现很难摆脱我只是希望自己能多一点选择的立场，进而坦诚地与卡尔、爱德华和母亲相处。当我问她这个问题时，她是这么回答的：你看，真是积习难改。我注意到她的防御机制仍然非常活跃，而且不太好。她会选择向卡尔坦白一切，还是会和捐精者爱德华在一起？也许这二者都无法实现她最想要的目的，那就是拥有自己的孩子。我想，五个星期是很长的一段时间，眼瞅着要做出重大的人生选择，却不能进行治疗。

这下我好似成了玛丽安娜的角色，她则成了她老爸的角色，如此高度相似的重演令人沮丧。她一直在撒谎，口是心非，而我却只能像她小时候一样保守秘密。

我突然想到，我说道，你所说的谎言，你所谓的保守秘密，三年前你爸爸去世后就可以结束。但你还是把它们藏在心里。如果我说我不想再和你串通一气，你觉得你会怎么样？

玛丽安娜睁大了眼睛，目光变得呆滞。我会生气，然后担心你假期后不再回来，她低声说。我会以为你并不在意。

我有意顿了顿，做了个深呼吸。

但我真的在意，玛丽安娜，非常在意。打破你现在的思维模式是很重要的，我说。你要是继续这样下去，那你之前所受的任何伤害，都会成为你的命运。

玛丽安娜沉默了，她在思考。她转过身去，无法与我对视，还从椅子扶手上拿起她的毛衣，穿在身上，整理了一下衬衫领子。时钟柔和的嘀嗒声告知我们时间到了。暑假在等着我们两个。我突然站起来，走到了她身边。玛丽安娜收拾好包，清了清嗓子笑了出来。**离开前，我有件事想告诉你**，她说。**我怀孕了**。

她走了。我却震惊不已。

在五周的暑假里，如同飞蛾扑火一般，我的思绪总是会被拉回到我们的最后一次治疗上。我注意到自己想起她的次数比我的其他病人还多，我相信自己，以及我作为治疗师的经历和经验，足以倾听，足以记录和观察。我忍不住又是恼怒又是困惑，又是烦恼又是好奇。玛丽安娜临别时的那句话如此诱人，让人心里痒痒的。她为什么这样做？难道她是在尝试感受她可以控制我们的关系，就像她告诉我（也是在治疗结束时）她要停止服用避孕药时一样？在临走时丢下怀孕这颗炸弹，我就可能深受诱惑，会一直等待与她见面，就像她对卡尔一样。

我认为她的种种行为是出于恐惧和伤害，但她的行为太残忍，就像演戏一样，这让我深感痛苦。我也很生气，难掩失望。我提醒自己从事的就是这样一种职业，玛丽安娜透露秘密并非针对我个人，病人的行为只是他们对各自的难题所做出的回应。但无论我怎么说服自己要保持“专业”，我也是个人。是人就会受伤，会感到失望，也会喜欢暑假。我意识到，治疗一个满心盼望要孩子、想做母亲的病人，让“渴望”这整个问题占据了我的全部思想。我终于产生了同情之心。玛丽安娜很成功地向我展示了等待有多痛苦。肯定有更容易、更愉快的方式来表达自己的沮丧，我想。

✦

九月到了。第一次治疗的时候，玛丽安娜来得很早。我打开门，她很平静，还与我对视。她的脸上挂着迷人的微笑。我注意到她挑染了头发。一缕缕亮色的发丝在她的卷发中闪闪发光。

我一会儿就来，玛丽安娜，我说着，把她领到等候室。我对她早到15分钟感到有点恼火，我关上办公室的门，继续整理上一个病人的就诊记录。但我的注意力被打断了，思绪很难回到之前的状态。于是我决定一边等，一边把壶里的水煮好泡茶。一想到马上就要知道玛丽安娜怀的是谁的孩子，我心头的期待便开始涌动。

你好吗，玛丽安娜？我问道。

我很好，谢谢你。你呢？

很好，我笑着说。你的暑假过得怎么样？我问。

还不错，她在座位上动了动，试着放松，她有些坐立不安。

一阵沉默压下来。

夏天前我在临别时告诉你我怀孕了。我不应该那样做的，她说。这是在隐瞒。也很卑鄙。我很抱歉。

我没有立即回应，顿了顿才开口。但愿有足够的时间让我们两个坐下来接受道歉，我对此表示欢迎。

谢谢你，我说。上次治疗后，我感觉很震惊。尤其是因为怀孕这个话题对你来说是一个如此重要的决定。我还想知道一点：你是不是想让我知道等待有多痛苦。尤其是你不得不等待卡尔承诺和你一起生儿育女。当然，还有角色互换的问题。我觉得你是想告诉我，保守秘密能产生很大的影响，就像你和你父亲一样。那时候我说不想再与你勾结，这让你很失望。

玛丽安娜点了点头。你说得对。我想尽可能拖延时间，不告诉任何人我怀孕了。只有我和孩子知道。我一生都在为别人保守秘密，等待别人，渴望别人。直到上周我才告诉爱德华。

这么说，爱德华是孩子的父亲？我笑着说。

是的。我在夏天结束了和卡尔的关系。我想我一个人，会更开心。我和爱德华的关系很好。假期里我们在一起度过了一段时间。我认为卡尔永远也不会答应生孩子，而且，在他劈腿汉妮后，我不知道自己是否还能完全信任他。下个月我就怀孕12周了，到时候我会告诉妈妈和朋友们。但现在只有你和爱德华知道。玛丽安娜把手放在肚子上，看着我，露出了微笑。我不想在谎言中把我的孩子带到这个世界上。如果我怀了卡尔的孩子，就会是这样，一个谎言。

我六年前认识玛丽安娜时，她没有孩子。现在，格蕾丝上学了，喜欢和其他孩子在一起，她所有的东西都是独角兽造型的，她还养了一条叫阿奇的宠物金鱼。和玛丽安娜一样，我也独自抚养我唯一的孩子。根据我的经历，我相信我的儿子一定会变得很出色，但把他培养长大确实累人，他也经常感到孤独。在周末的游戏小组中，其他母亲和家庭经常会让我这个做母亲的感到很尴尬。有时，别人会默默地同情我，我也讨厌随大流带来的束缚，因为它剥夺了我作为单亲母亲的选择和创造力，但我的愿望和承诺一旦扎根，就会迅速开花结果。

像玛丽安娜一样，我也对我的孩子怀着无条件的爱。他敏感而善良，富有创造力又充满好奇心，在我的生命中，我（有时）会把他看得比自己还重。玛丽安娜也谈到了这种爱，这种无条件的爱是独一无二的。她说这话就像在唱一首抒情而甜美的歌，她半闭着眼睛，浑身散发着为人母的深刻喜悦。

遭遇不忠，家庭关系模式再现，玛丽安娜在与他人的关系中所说的谎言，并没有对她的心造成太过深刻的影响。玛丽安娜理解了自己的渴望，也承认了家庭历史的重演，她做出了与母亲不同的自主选择，也没有听从母亲的建议。事实证明，接受一个她不再尊重和不信任的伴侣，是一个很大的挑战，因为正如玛丽安娜经常在治疗中指出的那样，时间不多了。她差一点就要对卡尔撒谎，差一点就要报复，差一点就要在谎言中怀孕。但随着时间的推移，她的肚子一点点变大，她越来越清楚地意识到，她是多么想成为一名母亲，而当格蕾丝最终出生时，她感受到自己是多么爱她，与她的联系有多深。

你现在感觉怎么样？我问。会想起与卡尔和爱德华在一起的时光吗？

对我自己的能力，我自己的决心和力量，我以前的了解并不够。我以前总以为自己需要一个男人，一个伴侣或丈夫，好让一个家庭感觉完整。当然我也会喜欢那样。但不一定非要如此，至少对我来说不是。

她喝了一口水。

我花了很长时间才相信我可以自己拥有一个孩子。我希望更多的女性能谈论这个问题。不以传统方式生儿育女，仍然是一种耻辱，仍然叫人恐惧，甚至是一种禁忌。但如果这是我们真正想要的，谁能说我们不能或不被允许呢，玛丽安娜说，在说第一句话和最后一句话时，她都前倾身体，以确保我明白了，并且就在她身边。

我当然在。

我停在那里，
谁能告诉我美是什么？

——弗朗茨·法农《黑皮肤，白面具》（1952 年）

比如：生日聚会。当时的她才九岁，面前的餐桌显然被精心摆放过，而她是在场的唯一一个黑人儿童。她用手抚平自己的红色天鹅绒礼服。领子上缝着一个大大的丝质蝴蝶结，她时不时地摆弄它。她的两个表姐妹顺着桌边把面包卷传给她，然后伸出苍白的手掌拍拍她的头发。怎么像海绵似的？她们问道。还会再长吗？

她躲开了她们的触摸，回答说之所以像海绵，是因为遗传自她美丽的母亲，和白人的头发不一样。

为什么不把它拉直呢？最小的表姐克莱尔问道。

我不想拉直，我喜欢这样，小女孩笑着答道。

尽管如此，克莱尔还是坚持，她转头看向她的姐姐艾米丽。但拉直以后你就长得更像我们了，不是吗，艾米丽？

小女孩愤愤地瞥了一眼父母，恶狠狠地把银叉子径直插进面前的餐盘里，那道菜是羊腿佐薄荷豌豆。她的父亲移开目光，看向别处。母亲靠了过来，那双亮晶晶的眼睛回应着女儿的目光，眼神中充满不确定。缇娅的头发和你们的不一样，她笑了，我们喜欢她的卷发，对吧，宝贝？快吃吧。

饭后，缇娅和表姐妹来到花园里玩耍。缇娅很擅长这个游戏，父亲曾经看过她自信地扮演医生和护士，所以教了她一些医学知识。缇娅渴望加入，她试图向克莱尔和艾米丽展示如何使用红色的塑料听诊器，但是三个人的争吵很快就演变成了肢体冲突，因为她们对心脏的具体位置和听诊器的摆放位置意见不一。就在这儿，克莱尔坚持说。不，在这里，缇娅一边说，一边抓起克莱尔的手摆到相应位置。喂！你故意的！克莱尔尖叫道。

艾米丽搂着妹妹的腰。拜托，别跟她玩，她低声说道，她跟我们不一样，她太小家子气了。

小家子气且皮肤黑，才是她们真正想说的。

缇娅伸手去拿纸巾。当你“与众不同”时，她继续说道，做出加引号的手势，你必须尽最大努力融入集体，尤其是当你还是个孩子的时候。在家庭聚会上，你要会察言观色，要尽力做到最好。但我和母亲总是寡不敌众。

缇娅的心理治疗已经进行了六个月，她分享了很多类似的故事，都和她的身份相关，都关乎差异和结构性种族主义。没有人在意缇娅和她母亲的想法，她们的信心被摧毁。种族主义的阴影沉重地笼罩着她们的身心，缇娅花了很多时间向我说明她内心的挣扎，而这个远不止肤色给她带来的困扰。小时候我从来没觉得自己漂亮过。就好像被硬塞进了一个不属于我的身体。我每天像在驾驶一艘黑色的船，但我并不喜欢它，更不用说什么保养了。

我在一旁听着，恨不能替她反抗，那种熟悉的不安和烦躁再次涌上心头。我既愤怒又伤心，我几乎可以肯定，我的脸因为复杂的情绪变得狰狞。根据以往的经验，当患者冲进咨询室谈起结构性种族主义时，那接下来的治疗将变得十分痛苦，且充满挑战。

我开始好奇缇娅接下来的治疗过程中会发生什么。我知道，医患间的联系是必不可少的一环。心理医生和患者须得联络，才可能做出改变、实现突破。这种联系非常重要，医生可以与患者一起回忆和参与其过往经历，直面痛点，感受痛苦，理想的话还能一起找出解决的方法。通过加强联系，患者开始信任她的心理医生，并与其建立一种有意义的关系，在这种关系中，她感到自己被更加全面地关注和接纳，不再那么孤单，她可以倾诉内心的痛苦，让人见证自己的挣扎。这种联系不仅仅是倾听或被动地见证，它还能调动情绪，让坐在同一房间里的两个人可以自由地分享和感受。通过加强联系，医生可以更加深刻地体会患者的痛苦并激发同理心，与患者建立非常亲密的关系，这些都可以帮助患者抚平伤痛。

缇娅告诉我，她察觉到了新朋友和熟人好奇的眼神和他们脸上困惑的表情，特别是当母亲不在场的时候。*领养的？还是寄养？*他们讨论的声音太大了，缇娅听得清清楚楚。*也许她是克莱尔或者艾米丽的朋友？*

后来，缇娅又看到他们露出了恍然大悟的神情。当母亲像变魔术一样终于出现时，人们脸上的表情变了又变。柔软的皮肤，牙齿和红色的丝绸，母亲最喜欢红色。早前偷偷打量的目光转向一边，眼神中是藏不住的揶揄。八卦的声音变成了窃窃私语。

✦

缇娅在母亲去世 18 个月后联系了我。伊芙琳长了一颗巨大的脑动脉瘤，她积极地与病魔抗争，很遗憾最终撒手人寰。缇娅一直希望找一个有色人种心理医生，她希望对方能理解她的纠结，但是她发现这里的社会环境并不如她所想，成功的可能性非常低。之前，她接触过一位白人心理医生，他们一起聊了很多，但有些话题涉及缇娅的种族和传统，缇娅觉得找到一个让我不害怕见面的医生很重要。

在我们第一次见面的时候，缇娅提到了母亲的离世，对她而言，这个打击十分沉痛。我还在努力接受母亲离我而去的事实。我怀疑自己患上了抑郁症。我的女儿索菲娅认为我需要帮助。

伊芙琳是一位在医院工作了 28 年的助产士，一直非常健康，至少缇娅是这么认为的。所以当她接到电话得知母亲突然被送进了医院，她根本站不稳，差点跌倒。

缇娅说她无法接受母亲去世的事实，至亲的离开让她在家庭和工作中的压力倍增。缇娅在一家公司担任律师，她正在努力地集中精力专注工作。原来那些缇娅擅长处理的法律案件正一件件地移交给比她更年轻、更有活力、更有野心的同事。她的日子过得浑浑噩噩，像被浸泡在糖浆中举步维艰。她整日盯着钟表，就等着指针指到六点然后赶快下班回家。缇娅觉得很矛盾，她仿佛和外界脱轨了。我已经没有干劲儿了，对什么都提不起兴趣。我讨厌现在的自己：懒惰，无趣。

女儿的学习存在问题，这也让缇娅感到不安，她要求身边的人，包括自己，必须做到最好，这种执拗的想法让她精疲力尽。我观察着，觉得胸口发紧。我很想说服自己，根本没有完美的心理医生，但我做不到。我怀疑早年的经历让我形成这种苛求“完美”但又心知肚明最后难免失望的矛盾心理。我想，降低期望也许能帮助她改变对他人和自己的要求。

我建议每周做两次心理治疗。

我总是一个人承担所有，缇娅回答说。

心理治疗就像一场冒险，对你有益，我劝说道，但终究还是有风险。

空气突然安静，气氛变得沉重。缇娅好奇地环顾了一下我的咨询室，看了看书架和植物、刚刚喷过水的兰花、成堆的研究论文和角落里擦得锃亮的桌子，上面还放着刚修剪过的牡丹。最终，她看向我，与我对视。

世界上有两种人，一种会出现，另一种不会。请不要让我失望。

我花了一点时间琢磨她话中的深意。她考虑到了两种可能，所以严肃地提出请求。

我会尽力的，我回答道，但我不能保证不让你失望。降低期望可以避免失望。也许人人都有失望和令人失望的时候？

缇娅眨了眨眼，我不是这样。

当患者开始接受心理咨询，通常对心理医生抱有希冀、期盼和要求，她可能希望并想象她的医生是一个富有同情心、善于倾听、心胸开阔、无所不能的人——基于此，患者可能开始信任医生并敞开心扉。心理咨询就像患者和医生共同经历的一场冒险，没有哪两个人的治疗过程完全相同，这将是一场独一无二的心灵和思想之旅。然而，当我们以开放包容的心态接触每一个新认识的人时，我们又不可避免地联想到从前遇到的患者。有时，患者可能无法将我视为“我”，因为他们的视角由其情感经历塑造。这让我想到了一位年轻的女士，她来接受治疗，希望治好她所谓的*嫉妒婆婆综合征*。我为她提供了不到一年的心理咨询服务。每次当我开口说话或者提出我的观察结果时，她都会把我的想法和她自己的母亲联系到一起。*这就是我母亲会说的话*，她回答说；或者，*再说一遍，你说话很像我的母亲*；还有，*我简直不敢相信，好像她就坐在我对面！*把我比作她的母亲或者把她的母亲投射到我身上的这种情况持续了几个星期，直到有一天我开玩笑地说，*我很好奇真的有一个二重身*[1]*会是什么样子*，她回答得相当冷淡，*你一点也不像我的母亲。她比你高多了。*

在治疗的过程中，这位患者非常投入，像着了迷一般，不断地假设、分析并迫切地想知道她的母亲在想什么、做什么或者计划什么。她把我想象成她的母亲，这种投射的影响是如此强大，以至于我开始思考怎样才能让她正视我这个医生的存在。*我丈夫对他的母亲言听计从！*一天下午，我们刚开始谈话没多久，她就伸出手指向天空。*他连拉屎也要先问问他母亲行不行。他把她的照片放在我们家的每个房间里。真的！*然后她哭了。太讽刺了。

我想知道是什么人和什么事情让缇娅如此失望。她到底经历

1　二重身是一种心理学现象，指一个人在现实生活中自己看见自己。——译者注

了什么，以至于脆弱得连失望的情绪都无法承受？她像擎天的阿特拉斯[1]一样肩负着重担。我怎么可能达到她的期望？但又怎么可以不达到她的期望？我不是这样的。她说。谁又是这样的呢？我问自己。

缇娅还强调，如果她迟到或在治疗中表现得不够努力，虽然以上情况不太可能发生，但她希望我可以及时提醒她，无论什么原因，她认为迟到和懒惰属于性格缺陷。我需要的是心理医生，她说，不是木乃伊。

九个月后，缇娅来接受每周三的治疗，她一手提着健身背包晃来晃去，一手拿着手提包。此时是傍晚七点。

坐下后，还没等我开口，她马上问我今天过得怎么样。这种情况时有发生。缇娅常常在下班后换上运动鞋，匆忙赶来接受心理咨询。她一向充满活力、好奇心旺盛。起初，我以为缇娅只是想搞清楚在我们两个都忙了一天后我是否还有精力陪伴她，又或许她真的很想知道我今天过得怎么样。目前还不清楚，但如果我相信自己的感觉，我认为很有可能是前者。

我很好，谢谢你，你好吗，缇娅？

好累。我有一大堆工作要做，索菲娅下周有考试。如果她能少玩点手机，把时间多用在学习上，那我们就不用这么折腾了。

1　阿特拉斯是古希腊神话中的擎天巨神，属于泰坦神族。他被宙斯降罪用双肩支撑苍天。——译者注折腾什么？我问她。

昨晚一直熬到凌晨两点陪她复习历史笔记。她落下的功课太多了，我让她默写重要的历史日期，这样她就能记住了。

她在学习哪一段历史？

美国梦，还有都铎王朝。

她对这些话题感兴趣吗？

她对都铎王朝有点兴趣，但不多。还有英语和美术。美术我就帮不上忙了，但是英语，也许能帮上一点。

美国梦也是历史课的一部分，她喜欢吗？

缇娅耸了耸肩，勉强点了点头。

在过去的几个星期里，缇娅关注的焦点放在了女儿的失败、缺点和懒惰上，这让她心烦意乱。她很少谈及索菲娅的优点，也很少谈起她在学习或交友中体验到的快乐，我对此感到奇怪。虽然心理治疗为患者提供了一个反思和斟酌语言的机会，但我认为同样重要的是，患者要认可自己和他人的成就，找到与外界的联系，发现生活的乐趣。在进一步的询问中，缇娅谈到了索菲娅画画的时候最快乐。最近，索菲娅提交了她的作品，其中大部分是自画像，因此获得了一个参加暑期集训的机会，为期两周。但是，缇娅不确定艺术这条路是否值得走下去。选择历史和英语的话，发展机会更多，我担心靠艺术为生将会很艰难。

我想索菲娅下周的考试的确很重要，但也许我们可以花点时间了解一下她擅长什么。也许这样我们就会有新的想法，能够从整体出发权衡利弊。她现在还喜欢画画吗？

缇娅拿起她的手机，给我看她拍的索菲娅的画。你觉得怎么样？

她滑动着照片，我认真地欣赏着，我和她露出会心一笑。

我觉得太了不起了，她很有才华。

我看到缇娅嘴角露出一丝骄傲的微笑。她说，我真的欣赏不来，尤其是这一张。这张看起来一点也不像她，但还是挺有意思的。

有意思，怎么个有意思法？我问。我非常希望能够理解缇娅，包括她的想法以及她是如何看待索菲娅的创造力的。

呃，她似乎真的研究过自己的脸。而且她一点也不担心用色过于大胆。瞧这里，缇娅俯身靠近，她把食指和拇指放在手机屏幕上，放大了照片中索菲娅的眼睛。看看这些细节，看到了吗？

真了不起啊，说着，我又笑了，她精准捕捉到了这个表情，她的脸上洋溢着幸福。看得出她对待艺术真的很认真，你不觉得吗？

我们都盯着那幅醒目的画像。绿色和柠檬色调掺杂在一起，千变万化又生机勃勃。我发现索菲娅的笔触中透露着自信。她很关注细节。整幅画布都是索菲娅的脸，目光凝聚，肩膀挺直，充满了色彩的碰撞，刷新着观赏者的认知。我竟然有一种穿过缇娅的手机屏幕，把这幅画像拿出来挂到咨询室内苍白的墙上的冲动。我想安静地注视这幅画，欣赏它的美丽，作者的专注和投入让我深受触动。

缇娅和我向后倚靠在椅子上，都没有说话。

我有一点好奇，我说。你说这张自画像看起来一点也不像索菲娅。

不像。

我留意到缇娅回答的速度之快，仿佛急于为她自己辩解。

尽管细节画得很好，她补充道，但比例完全不对。还有颜色，太大胆了，显得很奇怪。画中的人看起来很怪异。

也许这不是一幅传统的仿真自画像，我说，也许索菲娅之所以这样画，是想用某种方式表达自己。也许她想通过颜色表达什么。

缇娅清了清嗓子，把手机放回包里。我看着她的嘴巴绷紧，眼睛眯成窄窄一条线。我们之前因为微笑和骄傲而营造的和谐气氛已经变了质——气氛令人不安。我突然紧张起来，等待着缇娅的回答。我意识到我们即将讨论一个复杂的话题。

在接受治疗的最初几个星期里，她说她有一个遗憾，这个遗憾令她痛苦万分。她讲得很细，我不好意思说出来。

在20岁出头的时候，缇娅做了整容手术，她说她无法接受黑色的皮肤、黑色的五官以及她的牙买加血统。

缇娅太孤单了，而且深受结构性种族主义的影响，她厌恶自己的肤色，也渴望摆脱这种影响，所以选择了整容。我心里有了点儿数，写下了一点笔记：长期的压抑和渴望——她迫切地需要与外界建立联系，获得归属感。她为什么厌恶自己的牙买加血统？她经历了什么事？

23岁的缇娅想要改变自己的外貌，也不喜欢母亲总是盯着她。

平时主要是父亲在照顾我，我们身边的人，她停顿了一下，都是白人。我意识到他的话对我的外表有很大的影响。而且是毁灭性的影响。我想和大家打成一片，获得归属感。我希望他爱我。我想如果是母亲抚养我长大，或者我生活在母亲的国家，我的生活会有很大不同。

女儿出生后，缇娅开始因为改变自己的容貌而感到羞耻和失望，她发自内心地希望撤回之前改头换面的决定。有色人种都会理解这种对归属感的渴望，对朋友的渴望，她说，目光灼灼地直视着我的双眼，但我恨自己当时的所作所为。母亲一直没有原谅我。

缇娅调整了鼻子，软化并拉直了头发，还用绿松石颜色的隐形眼镜遮住了棕色的虹膜。她把自己的皮肤变亮了，身体变成了她所谓的“褐色”：一个肤色较浅的黑人。13 岁的时候，我的父母分开了。这对我来说很难接受，但我也松了一口气。我和父亲生活在一起，周末和母亲待在一起。他们都要求我必须忠诚于他们，关于我是谁、我应该成为什么样的人，他们的想法大相径庭。所以我很生气，感觉自己像被劈成了两半。在他们眼中，我和棋盘上的棋子没什么区别。

这个比喻很恰当，恰当得令人心疼。我想象着棋盘上面有几颗小小的棋子：一个国王，一个王后和一个兵。棋子不断地被推来移去，激烈的交锋无休无止……直到将对手逼入绝境……将军！

谁赢了？我问。

问得好。谁赢了呢？她一遍又一遍地重复着，一边思考一边凝视着窗外。

我们两个谁都没有动，也没有说话。

不过我不认为会有人胜出，我说。如果你做不到对强权直言不讳，那谁也赢不了。

但是我想一定会有一个人胜出，缇娅说。

哦？

那就是我父亲。

沉默。

也许是时候再来一局了？我说。

缇娅向前探了探身子，我们来抛硬币决定谁拿黑棋，谁拿白棋，怎么样？

我说的再来一局，不是说下国际象棋。不必在父亲和母亲中二选一，我解释道。我能够坦然面对自己身上的两种文化，我希望缇娅也能如此。只选择一种文化是不可能的。

缇娅等了等，停顿了一下。

就像呼“同”牌戏那样？[1]

说得好，我微笑着回应道。

书归正传，我看了看时间，19：20。缇娅拉上手提包的拉链，双臂交叉并跷起二郎腿。她的身体好似一座堡垒，她将痛苦埋藏在其中。我站在护城河的对岸，试图游向她，去了解和感受生活加诸她身上的痛苦。

1　一种儿童玩的简单牌戏，玩者各自将手中的牌一张张发放桌面，抢先认出两张相同者即呼“同”（snap），桌面所有的牌便统归先呼者。——编者注

看着索菲娅自信的模样，悦纳自己、表达自我，我感觉自惭形秽，缇娅说，我的女儿对自我的认知很清晰，但这反过来提醒了我，我没有办法像她一样。我希望我在她这个年纪的时候也能和她一样。如果我可以，那我的生活肯定和现在大不相同。

我很清楚缇娅为了得到她想要的东西可能会经历怎样的痛苦。我点点头，让因为缇娅这段话而激动的情绪平复下来。

要接受你的无法改变，这一点很重要，我说，要接受压抑的童年，要接受你熬过了那段时光并且继续前行。痛苦不是我们的命运，而是前进的动力。疗愈既关乎我们要给孩子们传递什么，同时也关乎我们自身的进步。我说，索菲娅有你这样的母亲。你自己就是过来人，所以你为她指明了方向，教会了她道理，赋予了她能力。如果让你和索菲娅聊聊她的画，问问她在画画时的想法和感受，你觉得会有帮助吗?

我已经这样做了。

然后呢?

她告诉我她画的是她的感觉，而不是她看到的世界。

听起来倒像一位真正的艺术家，我说。

缇娅笑了，谢谢，她的确很棒。

你也是，我回道。

泪水从缇娅的眼中滑落。谢谢你，她害羞地笑了。

她擦干眼泪，把纸巾团塞进丝质衬衫的袖口。我希望我和母亲的关系能再亲密一些，她说，声音颤抖到了极点。我很想她。我们的关系很复杂。现在想来，我当初做了很多现在不会做的事。

什么样的事？

我会照顾她，珍惜她。我不会错把关心当成控制。曾经的我想要逃离她，父亲一直跟我说我长得像她，行为举止也像她。我想摆脱这一切。我想做我自己。

想到她的父亲很快再婚，于是我说，我记得你说过还有其他事。

没错，她叫夏洛特。我记不清有多少次她和父亲建议我改变“外形”。我希望取悦他们两个。我很孤单，几乎没有朋友。索菲娅说我看上去“一副孤苦相”。我相信曾经的那个小女孩还活在我的心底。我很难摆脱她的阴影。

泪水模糊了我的视线。我想那个小女孩需要的是温暖坚实的拥抱，而不是摆脱，我说。

我感受到了缇娅内心的挣扎，我的双眼盛满了泪水，下巴绷得紧紧的。

她张开嘴想要说话，但最终没有作声。

那个小女孩需要我们的爱，我说。

谈话结束后，我写了一些笔记以平复不安的心情。

今天的心理治疗结束后，缇娅承担的所有伤痛开始在我身体里沉淀。我知道她的身心都受到了创伤，那种熟悉的、深刻的、彻骨的疼痛转移到了我的身上。我感受到了愤怒。我抬手摸了摸喉咙，又干又痛，这种在和患者共情后出现的症状时有发生。悲伤的情绪铺天盖地向我袭来。我想起了从前的一位患者，那是一位年轻的女性，她经常谈起她的三个孩子，而且都是男孩。她曾对我说：在他们知道什么是种族之别以前，我希望他们能够享受拥有深色皮肤的快乐。15年过去了，我依旧记得她的话，真实且掷地有声。这句话让她体验到了从未体验过的自由。

我在笔记中写道，缇娅的身体和心灵上都留下了结构性种族主义的烙印。

缇娅的父亲经常用命令的口吻对她说：好好相处；不要不合群；别顶嘴；谨慎选择你的朋友；不要穿那一件，太暴露了；你有没有想过拉直你的头发；把音乐关小；注意体重，不要像你母亲一样。就是这些冷漠且带有种族歧视性的话让缇娅选择“洗白”血统中黑色的部分。面对“黑人的命很重要[1]”，他的回应是：所有人的生命都很重要，缇娅。

我在笔记中写道，缇娅的父亲可能永远不会知道，接纳一个有色人种——和他唯一的女儿——和他一样拥有思想、感情和信仰，和他一样平等，这对缇娅来说意味着什么。我在和他一样平等这句话下面画了线。

提起缇娅的父亲，我就很激动。这种情绪一直延续到我和同龄人的交往和临床治疗过程中。我的心绪因愤怒和委屈强烈地起伏。我感受到了不公、沮丧、恼怒、疲惫和被对象化。在我自己的人生旅程中，以上种种，我也都经历过。现在，我正和缇娅一起再一次感受这些。她告诉我，她已经不再追问她想要什么，而是尽最大努力接纳她所拥有的一切。我决定找到那扇半开着的小

1 Black Lives Matter，是一个抗议针对黑人的暴力和“系统性歧视”的国际维权运动，起源于非裔美国人社区。——编者注

门。在这扇门里，我得以在生活和工作中的种族主义的攻击中幸存下来。这扇门里的我有决心，有斗志，渴望表达自我，渴望强大，渴望与外界建立联系，渴望成长和改变。

我的一位同事，也是我的好友，推荐我阅读佐拉·尼尔·赫斯顿的《他们眼望上苍》[1]。书中有一章，主人公珍妮对她的朋友说："这是众所周知的事实，菲比，你得亲身经历才能真正了解。"

我同意赫斯顿笔下这位主人公的观点。我必须清楚我想要什么，在白噪声中找到属于自己的声音。

书归正传，在治疗缇娅的过程中，我突然意识到了自己的变化。我目标明确，充满干劲。我注重心理分析框架。我也察觉到缇娅的种族创伤对拥有相似经历的我产生了一定的影响，也就是所谓的间接再度受创。此外我还发现，种族歧视给一个人身体和精神留下的创伤是会传给下一代的。我发现自己越来越想鼓励自己和他人慢慢创建一个更加美好和谐的世界。这是唯一可行的办法。

然后呢?

我关注的是：缇娅在整容手术后的恢复过程、她的孤单和恐惧、"父亲声音"的内化、母亲的死亡、她对女儿索菲娅的依恋，以及她潜意识里对母女关系的重现。

缇娅是不是在潜意识里有意和索菲娅保持距离？就像缇娅越

1 《他们眼望上苍》是美国黑人女作家佐拉·尼尔·赫斯顿的小说，讲述了主人公珍妮·克劳福德的三次婚姻，她日益增长的自立，以及她作为一个黑人女性的经历和心理。——译者注来越依恋父亲时，母亲伊芙琳对她的那样？自画像是一种威胁，还是仅仅是艺术的表达？我想知道两代女性发现自己与这个世界格格不入时有什么感受，尤其是当她们发现自己可能被外界的声音控制和淹没时。

我和缇娅一样，在成长过程中完全被我的家人和我所在的群体忽略。当我试图与那些与我同住一个屋檐下、同上一所学校、同去一座教堂的人谈论自己的身份——在英国出生的中国人时，这种情感上的隔阂让我筋疲力尽，因为我看到他们的眼神变得冷硬，反对我的渴望被听到、被知道和被理解。我告诉自己，我不能丢掉我的特质、文化和理智。**她和我们不一样**，我无意中听到亲戚们这样评论我。故事是这样的：有一年圣诞节，关系并不亲近的外公来到我们家做客。母亲就跟在我的身后，和我一起去开门。而我的外公却开口问道：**这个长相滑稽的中国女孩是谁**？我对这次交流只有模糊的记忆，而且很可能是因为我并不想记住这次不愉快的经历。但每当我想起家人，我仍然能感觉到伤口再度被撕裂，然后血流不止。

我是移民者的后代，我不得不改变我的思维方式，去适应所到的每一个地方。**努力，最终就会有回报**，我的父亲会这样说。

我想知道这个回报是什么。我想，家就是最好的回报。

结束一天的工作后，我已经精疲力竭，我脱下鞋子，蜷起双腿，躺了下来。记忆向我涌来：那一年我的个人生活和工作都充满挑战，我极度地渴望休息，最终决定在2015年给自己放个假。当我乘着一艘小船在博斯普鲁斯海峡上漂荡时，我希望这艘小船能把我带到地球上唯一一个横跨两个不同大洲的城市。我太累了，我已经疲于奔波。

狭长的博斯普鲁斯海峡将伊斯坦布尔一分为二，欧洲和亚洲在这里交汇——或者你也可以把它当成两个大洲的分水岭。我不想忘记那一刻我感受到的复杂的情绪。那个内在的、古老的、习以为常的、自我出生以来就不断在耳边回响的声音再次响起，它说，你只能选择一边。

但这是不可能实现的，不过这种说辞我并不陌生。我深知作为混血儿，我的身体具有复杂的两面性。两种文化，两个世界，两个对立的意识形态都在一个小小的、困惑的自我中碰撞。我经常因为在两种语言系统之间切换而感到混乱。我的生活是双面的、二元的、混合的。要承认这一点很难，但是拒绝承认又不道德。我渴望得到左右都能兼顾的完整，那个完整的我，只有我。

我的父母和缇娅的父母一样，也为了我的喜好和选择而争吵不休。两人都没有意识到他们的担心和需求让我感觉不到自我的完整。母亲让我融入集体，一举一动都要和学校里的其他同学一样。父亲则完全相反，他在我的午餐盒里塞满了月饼和其他带有亚洲特色的食物。我们班上有两个棕色皮肤的孩子，我是其中之一，被其他同学称为“局外人”。我无法理解也无法接受同学的嘲讽和排挤。喂，中国佬！斜眼！杂碎！学校里总有人对着我这样喊，也总有人眼神轻蔑，在我背后指指点点。后来，进了社区大学，同学的敌意更加明显：“你是个什么东西？”

但是，我们不应该被定义为“东西”，我们也是“人”，肤色代表不了一个人的内在。评价一个人，要看其内在。除此以外，用任何其他标准来衡量一个人都是有失公允的。

在博斯普鲁斯海峡上航行的那段时光让我身心俱疲，我想部分原因在于不算愉快的交流体验，有些是私人的聊天，有些是专业领域的对话。结构性种族主义的存在迫使有色人种，我自己，以及我的家人、同事和一些朋友必须优先考虑白人的感受。缇娅就是一个例子。因此，我急需一个美好的假期放松心情。

我写道，缇娅每天都苦着一张脸。我必须努力治愈她的创伤，让她停止后悔和自我惩罚。关键在于要让她接受现实，她要学会肯定女儿的优秀，理解她的挣扎，还有女儿经历的一切。

我放下笔记，关上办公室的灯，收拾好鞋子和背包，心里想着还要开两个小时的车才能到家。看着对面那堵墙，我开始想象索菲娅的自画像挂上去的样子，我想象着大地、自然和上升的天空的颜色，然后抬起困倦的双眼欣赏她大胆的美丽和活力，无限的活力。

今天，她认为时候到了。

治疗已有七个月了，有了一定的信任和合作的基础，所以，是时候了。缇娅掷了骰子，开始了今天的对话。她问我：你是在哪里出生的？

就在这里，在英国，我回答。

她摆弄着衣服上手腕处的淡蓝色羊绒，然后继续询问。我想知道你有什么血统？

我是在英国出生的中国人。

你的母亲是……？

我的母亲是白人，英国人，我回答。我的父亲是中国人。

所以你也是个局外人，她说。

气氛突然变得活络起来。我们两个，同样作为女性，因为一个小小的共同点而产生了联系。我们都生活在自己的圈子里，都像个“局外人”。我很欣慰缇娅问起我的血统，而不是物化我，或者表达出被迫和我成为一类人的勉强，她反而对我们之间的联系感到好奇。我们一起谈论了很多，最终发现我们原来是一条船上的。

我们班的同学，还有我的同胞都排挤我，这一点也不公平。我说着，俯靠近她，所以，是的，我曾经也被当成局外人。

大众普遍认为心理医生就是一个沉默的、冷漠的倾听者。一个不会被任何话语、挑战、类似的生活经历打动的人，甚至有时令人震惊的消息也无法叫他们动容，就好似没有感情的机器。但是在我帮助缇娅的过程中，我感受到我们之间的关系非常亲密。没有空洞虚伪的对话。相反，我们尊重彼此，认真倾听，主动参与，这让我们勇于改变，获得成长。我把这个过程比作一种自我的延伸，或者说就像一头扎进一首诗里一样。我被这种联系和富有节奏的、充满感情的叙述打动，结束治疗后，我也有了改变。

作为一个局外人，你的生活是怎样的？缇娅问道。

我整理了一下思绪，时刻提醒自己关注的重点应该放在缇娅身上，在和患者保持良好关系的同时要注意边界感。有时过得很辛苦，我说，也很孤独。但是随着时间的推移，我已经渐渐习惯了。我也找过其他的局外人。原来像我们这样的人还真不少。

缇娅抬手放到胸前，一圈又一圈按摩心脏的位置。我也很孤独，她哭着说。我母亲是对的：局外人不知道什么叫家。

我靠近缇娅，再近一点。见她这样，我当然不能坐视不理，我想说点什么宽慰她。缇娅，我开口道，很多时候，局外人被忽视，被嘲笑，被低估，或者沦为隐形人。但是我想说，作为一个局外人，你也可以自由地生活。不是说我们应该忽略我们作为局外人的复杂性、孤独感和自我怀疑，而是我们可以从社会的期望中解脱出来，我们有权定义自己的价值，有权建立属于我们自己的家。家，是我们出发的起点。

缇娅擦了擦脸，向前挪了挪身子。有道理，她说得小声。我觉得母亲从来没有真正觉得自己有个家。她选择在离她最近的医院工作，从早到晚忙着给婴儿接生。她在医院的时候最开心了。回家更像是一种义务，只是为了找个地方睡觉，让大脑休息一下而已。老实说，我也是这样，这很可能就是为什么我很害怕我不喜欢自己的工作。

你和你的母亲有很强的职业道德。

缇娅笑着摇摇头。她总是穿着那些该死的工作服和帆布鞋。永远都是一样的打扮。我曾经对她说：“为什么不穿漂亮的连衣裙？现在不是工作时间。”她会说：“生活不光是漂亮那么简单，缇娅。我要迎接孩子们，可爱漂亮的孩子们。行了，一边去吧，去烦别人吧。”

缇娅和母亲的关系很复杂。小的时候，母亲管她管得很严。伊芙琳拼命地工作，这种严苛的职业道德后来也被缇娅继承。每个周末，母亲都有固定的例行公事。最重要的是，她要求缇娅必须忠诚于她。谈到她对女儿的影响力，伊芙琳直言不讳：没有人会像你的母亲那样伤害你，也没有人会像你的母亲那样爱你。只要一有机会，母亲就会向她灌输这句话，缇娅忘不了母亲那炽热、坚定的眼神。伊芙琳非常希望她唯一的孩子能够站在自己这一边。母亲的唠叨和叮嘱一直盘旋在缇娅的脑海中，就像毛线一般纠结缠绕，编织成一张密实的大网，将缇娅困在其中，让她看不清方向。缇娅渴望获得自我认同，也渴望母亲可以回到她的身边。

缇娅希望自己不要那么害怕母亲，希望自己能够经常告诉对方自己有多么需要她、多么想要爱她、多么想向她学习。这些年来，缇娅想对母亲说的话太多了：教教我；教教我如何用自己的声音表达内心的想法；多多鼓励我吧，让我接受自己的身体和肤色；当父亲告诉我应该像克莱尔表姐那样穿着、吃饭和说话时，请坚定地告诉我不要害怕；提醒我谨言慎行，因为如果我因为没有被平等地对待而沮丧、愤怒或恼火，就会被当作发疯的黑人，正中那些种族主义者的下怀；在我试图表现得“合群”的时候，不要批评我，也不要逼我；告诉我，我不必强行改变自己，不要让我离你越来越远。我想念你。我爱你。对不起，妈妈。

缇娅记得，在她八岁的时候，一天深夜，她和父亲一起去了他工作的酒店。那段记忆并不美好，但她还是希望我能了解她的过去，所以她说，让我告诉你事情的经过，玛克辛。我坐下来，准备聆听她的故事。她说，我给你讲讲我的父亲，他就是一个浑蛋。咨询室安静得连根针掉下来都能听见。

舞厅里传来铜管乐队演奏的低沉乐声。很晚了，快到午夜了。旋律越来越慢，歌手们鞠躬致敬，房间安静了一瞬，紧接着爆发阵阵掌声，气氛越来越热烈……

那是一家圣詹姆斯的高档酒店，缇娅又累又无聊。她从半开的门缝里偷偷看了一眼，父亲穿着平时常穿的制服：熨帖平整的黑色西装搭配白衬衫，胸前的口袋里露出一块红色的丝绸手帕。他的小指上戴着一枚金色的图章戒指，经过多年的佩戴依旧闪闪发光。缇娅看着父亲不断在一张张餐桌中穿行。她想，她还是爱她的父亲的，但这种感觉很复杂。她看到父亲弯下腰，一只手搭在椅背上，另一只手搭在腰间。他的视线热切地落在那些衣着讲究的男男女女身上。

伊芙琳经常让缇娅陪罗伯特去这家五星级酒店工作。我需要休息一晚，陪你爸爸去吧，她吩咐缇娅，看好他，他可不老实。当时只有七岁的缇娅只好替母亲扮演起侦探的角色，她怀疑母亲早就知道父亲的事。让他带着缇娅去上班至少可以保证他晚上能回家。隔着卧室的墙壁，缇娅听到了母亲的指责和父亲的否认。你这个骗子，罗伯特，你在外面乱搞。都是一些并不切实的证据，一块模糊的口红印、一个写着潦草的电话号码的旧火柴盒、酒店打烊几小时后打印出来的酒吧收据，但这些还不足以让缇娅的母亲离开他。

缇娅注视着父亲的身影，她很想知道为什么她的骗子父亲渴望从其他女人那里得到安慰，尤其是他明明有我那美丽的母亲陪着他。为什么一看到那些喝着昂贵酒水的金发女人，父亲的眼神就会变得暧昧下流？他好像被施了魔法。他醉眼蒙眬地看着女人们瘦削的身躯，捕捉她们灰蓝色的眼睛。他明明已经结了婚，却还把手放在那些女人的后背、腰间和喷着香水的脖颈处。

缇娅捧着她的书，百无聊赖地听着随身听。她把舞厅的门打开了一点，打了个哈欠。她几乎立刻就认出了她在过去一年里认识的几个个子高挑的女服务员，还有送给她糖果、零钱并给她表演魔术的铜管乐队。最后几位客人离开宴会厅后，缇娅的父亲让她在原地等他。我很快回来，看你的书。

后来，缇娅等得太累太无聊了，便起身去找父亲，还有铜管乐队。她想让他们再给她表演一次从左耳后变出硬币的魔术。她走向更衣室，那里面摆满了闪亮亮的裙子、高跟鞋和梳子，还有几瓶黑朗姆酒和几罐护手雪花霜。当她打开门，里面的女服务员卡米拉吓得倒抽了一口冷气。她赶忙合上双腿，就像商场自动开合的电动门那样。她迅速拉下黑色的尼龙裙子，赶忙拍了拍罗伯特的背。父亲转过身来，脸上带着羞愧尴尬的神情。

缇娅看向外面的漫漫长夜，她突然想知道这个世界什么时候才能停止伤害她和她的母亲，月亮是否可以永远定格，就这样宁静地挂在天边，明亮而闪耀，就像她左耳后变出来的那枚硬币。不可能，永远不可能实现了。一个细小的声音在她没有藏过硬币的那一侧耳朵里响起来。

缇娅转过身去，脸上也带着和父亲相似的羞愧的神情。

我知道你做了什么，爸爸，她小声地说，我都看到了。

在开车回家的路上，缇娅等着父亲用深夜冰激凌来买通她，或是从肮脏的24小时服务站里买一个廉价的塑料玩具来堵她的嘴。她等着他张开宽大的手臂，卷起衬衫袖子，紧紧地抱住小小的她。缇娅好像一瞬间就长大了，她深深地吸了一口午夜的空气。再过五年，她就可以自己出去玩，摆脱家里的束缚，学着抽烟。缇娅好奇父亲接下来的举动：道歉，解释，温柔的恳求？但什么都没有。她看了看他的脸，毫无表情。他的手，他的肩膀，一动不动。她清了清嗓子。什么表示都没有。她难过地抽噎起来。什么表示都没有。

缇娅不明白，为什么卡米拉可以得到父亲的爱？这让她既嫉妒又憎恶。你为什么要对服务员卡米拉做那种事？她问道。

安静。

爸爸？

直到罗伯特把车停在车道上，他才转头看向缇娅。如果你告诉你妈妈你看到了什么，她会伤心的。你不想成为罪魁祸首吧？我爱你，缇娅。你知道的。但如果你告诉她，或者其他人，我就不爱你了。明白吗？

缇娅本来有很多机会可以告诉母亲父亲欺骗、背叛、无耻、下流、狡猾的行为。但是她没有这么做。为什么呢？因为她害怕母亲会崩溃，甚至发疯。同时，缇娅也担心如果她说出来会遭到父亲的厌恶。你不想成为罪魁祸首吧？

缇娅告诉我，失去父爱的风险太大了。她想，就是在这个时候，她的爱和忠诚发生了改变。我想保护母亲，但我真的不希望失去父亲的爱。

母亲经常主动申请加班。除了周末，缇娅很少见到她。缇娅想和伊芙琳多待一会儿，她提议去看电影、玩两人棋盘游戏和购物。但伊芙琳太累了。是那些新生儿把她变成这样的，是对产妇和新生儿的照顾耗尽了她的力气，是下班后的文书工作让她心力交瘁。我们玩《大富翁》还是看电影？我可以帮你梳头发、涂指甲油……缇娅用温柔的声音说。但母亲需要的只是休息和独处的时间。接生可是个体力活，去和你父亲玩吧，她说。

伊芙琳不愿陪伴女儿，母女之间渐行渐远，缺乏母爱、疲惫、对婚姻的失望，再加上与丈夫的对抗，我想这些情况都让她们母女的感情开始破裂。伊芙琳的母爱正在慢慢消失。

缇娅的答复来得很快。她会说我像父亲，一点也不像她。为什么你们都含糊其词，彬彬有礼，还喜欢读这种书。她会说，读读玛雅或者托妮[1]吧，女孩子能从中学到不少东西。这让我很困惑，因为父母都告诉我，我不像他们，更像对方。我不知道该向谁求助，该相信谁，该听谁的。

当父母都忙于工作的时候，有几位年轻漂亮的保姆来照顾缇娅。据缇娅回忆，至少有五六个年轻女子在晚上给她读过故事。

---

1 玛雅·安吉洛和托妮·莫里森，两人都是美国黑人女性作家。——译者注

她不明白为什么母亲宁愿照顾其他婴儿也不愿意陪她。她想象着母亲握着新生儿柔软可爱的小手和小脚，那些小婴儿毛茸茸的脑袋就像珍珠一样圆，散发着滑石粉的味道。我当时并不理解，她轻声说道。我想要母亲陪着我，我需要她，我不明白为什么她选择其他孩子而不是我。我告诫自己以后一定不能这样对待我的孩子。

后来，缇娅早早地进入了青春期，身体变化愈发明显。父亲开始对她粗壮的双腿、干燥的皮肤和卷曲的头发评头论足。他一直想让缇娅把头发拉直、换一条连衣裙、穿有女人味的服装。有时候，父亲的反应比较微妙，只是带有一点点种族歧视的色彩，当缇娅穿着彰显身材的衣服从卧室走出来时，父亲会瞥她一眼，然后把她喜欢并会随着跳舞的音乐调低。

没有所谓的“一点点种族歧视”，我说，种族歧视就是种族歧视，我明白这件事对你有多大影响，缇娅。

后来，父亲还对缇娅的肤色说三道四，开一些带有侮辱性的玩笑。像河马一样躲起来，一个人在那边笑个不停。保姆们只得假装有事要忙，皱着眉把缇娅带到其他房间，不让她听到那些伤人的话。珍妮，缇娅最喜欢的保姆之一，抚摸着她的头，用双手捂住她的耳朵。走吧，我们去花园，她会说。外面天气不错，不出去玩的话就太可惜了！

那时候，我都替父亲难堪。他说那些话的时候我感到很羞愧。我以为都是我的问题。我想让他爱我，接受我，我越是这么想，我和母亲就越是疏远。

绽娅累得眼皮直打架，她闭上了双眼。我不想再惩罚自己了。我累了，我不能困在过去。我想尊重而不是嫉妒索菲娅对自我的表达。我必须向前看。我必须克服害怕成为黑人的心理问题。

我欣赏缇娅治愈创伤的勇气和她强烈的自我同情。但这个家庭中竟然连续三代，女性都生活在种族主义的压迫之下，这简直令人发指！她们徘徊在种族、身份，甚至是人性的边界处，找不到归属感。

缇娅律所的合伙人给她发来一封电子邮件，上面说将要召开一场会议，讨论职场的包容性和多样性，请参加。缇娅的手心开始冒汗，甚至紧张得有些透不过气。那一刻她突然觉得自己暴露了。缇娅是她团队中除了詹妮弗以外唯一的黑人女性，詹妮弗有工作经验，只是暂时在这边工作，缇娅与她关系不错。虽然缇娅喜欢和同事们一起交流，但她不打算做这个出头鸟。

你怎么看待这场会议？我问。

我想还是有必要的，但我没有抱任何期待。问题是，大家的立场都不一样。如果同事们不能意识到问题在于公司雇佣的有色人种比例太少，那我没法参与后面的讨论。

我明白，我说。

我担心同事们会以为我们平等地参与了这场讨论。但事实是，我们的地位根本就不平等。你同意吗？

我听懂了，也感受到了缇娅希望我站在她那边，她抛出了一个直接的问题来试探我的想法，看我是否和她一条心。这么做无可厚非。作为心理医生，我的职业要求我不能与患者有深入的交往，我的责任是让他们对自己有清醒的认知。但这一次，我面对的是缇娅，于是我说，*没错，我同意，缇娅*。

第二天，缇娅和同事们在会议室开会。在小巧的甜点的衬托下，盘子的尺寸显得有些过大。银色的大咖啡壶正冒着热气。缇娅是最后一个到场的。会议室里已经有12个人入座了。在这之前，缇娅从不迷信，也不认为自己有多么不幸[1]。但落座后，她一点也不想发声，也不想表达自己的立场，她反倒希望戴上母亲的碧玺项链。据说，这种珍贵的石头能够保护缇娅免受负能量的影响，维系佩戴者周身磁场能量的平衡。

她的一位同事开口道，*在一个白人居多的房间里谈论种族问题让我感到不舒服*，这位同事尽量避免与缇娅产生眼神交流。另一位，一位五十多岁的白人男性，表示律所内缺少非白人群体让他感到非常内疚。另一位女性同时说，当她知道这场会议的目的是讨论包容性和多样性的时候，她很焦虑，*我真的觉得自己没有权利发表意见*。

缇娅看着她的同事们一口接一口地享用着甜点，慢悠悠地喝着咖啡。

另一位同事说，*我想听听缇娅的意见*。有几个人转过头看向她。

1　数字13在西方是不吉利的数字，最后的晚餐中，背叛者犹大是第13个就座之人。——编者注

✦

你回应了吗？第二天晚上我问缇娅。

嗯。

你怎么说的呢？

我问他为什么要把我叫过来，然后我还问他是不是因为我是黑人女性。

他回答了吗？

没有正面回答。他开始辩解，他觉得我的问题冒犯到了他。

你的职责不是对同事说教，我说。但我们每个人都有义务对强权直言不讳。这种谈话是有用的，甚至是必要的。但只有当我们了解结构性种族主义的症结时，才可能在职场和家庭中减少种族歧视的发生。重要的是，要把知识和技能传授给我们的孩子，或那些无法获得知识和技能的人。这些都很重要。

缇娅差一点就要责备自己惹恼了同事们，但谢天谢地，她摆脱了这种想法。一群律师竟然缺乏同理心，胆小如鼠，还否认事实，我太失望了。她看着我，叹了口气，你在想什么？

我在想什么？我重复了一遍，伸手去拿水杯。我的喉咙又痛了起来。

喝完一杯水，我又倒了一杯。

我在想白噪声，会议室里有那么多白噪声。

缇娅点点头。我们四目相对。

我在想，白噪声是如何掩盖其他声音的，我继续说，它是如何让人入睡的。

她坐直了身子，瞪大了双眼。

所以我喝了很多咖啡，缇娅说。

这一天还是来了。在她经历了所有的伤痛、所有的反省和所有的悲伤之后，在她终于要渐渐走出过往的阴影之后，不可避免的事情还是发生了。我做了一件缇娅要求我绝对不要做的事：让她失望了。请不要让我失望。

我回家的航班被取消了，而我和缇娅约定见面的时间是晚上七点，如果要赶上时间，我就必须得打车，但晚上打车很不安全。在过去的一年里，缇娅没有缺席过任何一次治疗。她也从没迟到过。要知道，她是一名律师，同时还是一位母亲，她要穿过整个伦敦才能来到我的办公室，在这种情况下还没有爽约过真的非常难得。她还告诉我，如果我要休假，那她也会选择休假。那时，我就已经发现她的时间意识和对假期的安排都证明她是一个非常重诺的人。但我没有预料到，她对自己的要求高，对我也一样，即便我们见了很多次面，也丝毫没有变化。

我给缇娅打了电话，留了语音信息，向她解释我的航班取消了，很遗憾没有办法进行心理咨询了。我很抱歉。

五分钟后，我收到了回信——

真令人失望。下周见。缇娅。

我承认在读了缇娅的短信后，我有点恼火。这个令人失望的场面就像镜子一样反映出了一些问题。我想，我们建立了一年的信任就因为一次爽约而荡然无存。我很气愤，也对我们之间的感情嗤之以鼻，甚至还产生了抵触情绪。难道我没有建立良好的信任基础吗？难道我对工作不算尽心尽力？只是一次失约就让缇娅失望到这个地步？难道她不知道我无法控制飞机的起飞吗？我买了一杯茶，决定在机场里的商店转一转。我拿起一瓶我最喜欢的香水，喷了几下，吸了几口香甜的空气，然后又把它放回架子上。

在航班起飞的前一个小时，我又读了一遍缇娅的短信。我深深地吸了一口气。现在，我的心境变了。我想她当然很失望。我刚刚度完假，没有办法按计划和她见面了。我想，这种意料之外的分别会让缇娅感到不安。也许我应该提前一天飞回来，这样就不存在航班被取消的风险。我觉得我太不专业了。我太大意了。

总是会有这种情况发生，我轻声告诉自己，*我无法控制航班*。我意识到自己的情绪起伏不定，我内心很渴望关注、修复和保护这一段心灵之旅。我想，人类的感觉是多么的微妙和多变。我们对过往人际关系的认知、理解和期待在多大程度上影响着我们的感觉？我回想起刚才产生的情绪，还好我没有要求自己必须和应该做什么。我认为道歉已经足够了，但是我还是应该理解缇娅失望的原因。

✦

完美，是一个一想起来就让我直冒冷汗的词。

我一直在想这个词，以及它给我的身体带来的感觉：砰的一声！铃声响起。我感到一阵焦虑。这时，缇娅准时来到了我的办公室。蜂鸣器的响声比平时持续的时间稍长一点。也可能是我的幻觉。

缇娅表现得很矜持，也很安静。她露出一个礼貌的微笑，等着我先开口。但我今晚不想主动挑起话头。我能感觉到她的失望。

很抱歉我周三没能为你治疗，我开口道。

谢谢你向我道歉。

安静。

沉默。

缇娅说，我知道航班被取消不是你的错，但这让我意识到我有多么依赖我们的谈话。我是多么期待见到你，和你交谈。我害怕自己会依赖这个过程，依赖你。

我花了一点时间来理解缇娅的话。

我明白，我说。你冒了很大的风险信任、依赖我，也相信我们的努力会有回报。但我想解释一下关于依赖的问题。也许依赖关系和亲密关系的风险性并不在于我们可能会失望，而在于我们可能会遇到意料之外的情况，我们努力控制或避免的事情。我们可能更想依靠别人而不是自己。既然如此，那么我想问，换种角度审视自己和换个方式生活是否意味着更大的风险？

缇娅点点头。如果我跟你怄气，要取消今晚的治疗也很容易。但是，如果我能平静下来，什么都不说，也不是什么难事。

我想你说的是“非此即彼”的情况，我们又回到了二元思考的模式，我说。

的确。但我现在想做些不一样的事：想要左右兼顾；感受失望的情绪并且敢于谈论这种感受，而不是表现出来或者放弃自己的想法和需要。

我喜欢你说的“左右兼顾”，我笑道。当你知道即便遇到磨难你也能扛过去，那就说明你更强大了。如果你能够扼制自毁倾向，不受内心阴暗面的影响，那么与他人的关系将会更加持久、坚固。

甚至会变得更加亲密，缇娅补充道。

甚至会变得更加亲密，我说，这种说法我也喜欢。

在我办公室角落的墙壁上挂着一张带框的《时代》杂志封面，相框下面是一幅弗洛伊德的画像，上面写着：弗洛伊德死了吗？旁边摆着一棵小盆景树。这是一位心理医生通过资格考试后送我的礼物。我被这棵小树的美丽吸引。它长得很慢，却是令人着迷的存在。

我想和缇娅分享我对“間”的感悟，但我没有急着开口。“間”在日文中的意思是时空。“間”代表着生命的生长和发展所需要的基础空间，任何一个对暂停、反省、简单感兴趣的人都会喜欢这个概念。空间，或者称之为“左右兼顾”，鼓励人追求进步和艺术。“間”这个字由“門”和“日”字组成，代表着日光从门中射入，有照亮、启蒙之意。要照料好这棵盆景树，必须给树枝和树枝之间留出空间，允许光线照进来。当日光柔和地笼罩在树叶和树干上，就会长出嫩芽，小树开始生长。我不知道是否应该和缇娅分享我这个小小的兴趣，或者是否应该找到属于自己的“間”，活好当下。我应当给缇娅预留一定的空间任其自由思考，这和“間”

有异曲同工之妙。我们跟随着感觉的脚步，静静感受着。渐渐地，我们卸下了心防。我一直没有开口。

安静。

在心理治疗的过程中，心理医生一直在思考应该关注什么以及要达到什么样的目的。我在想还有什么地方可以播撒希望的种子，什么时候浇水，什么时候不浇水，什么时候应该保持缄默：不必采取任何行动，不必言语，不必干预。我会思考缇娅想要表达什么，以及如何更好地帮助她排解情绪，保持左右兼顾——“間”，也希望我和缇娅都能更好地理解她的每一种感受。我一直在思考我的人生旅途、我的志向，还有缇娅的人生和她的故事。我也在思考如何更好地告诉她我所听到的关于我和她的关系的评价。什么应该说？什么不应该？还有什么并不需要借助语言的交流？

对医生来说，走进患者的世界，这既是一份礼物，也是一种荣誉。医生要以一种开放包容的心态感受和分析患者的痛苦，我既要理解缇娅的挣扎，又要肯定她的进步，这有助于我帮助抚慰缇娅的创伤，也有助于缇娅更好地了解我。当我们温柔地从他人的世界路过时，我们就已经做出了承诺，与他人建立联系并相互理解。我和缇娅，即心理医生和患者，建立了一种关系。在这种关系中，愿景、联系、成长和变化就像香水一样充斥着整个房间，一切都朝着积极的方向发展。

你想要什么？我终于开口提问，打破了沉默，突破了“間”。我试图把话题拉回到缇娅的愿望上。

缇娅看了看我。她的手不自觉地放在衣领上，好像要解开一条想象中的围巾或领带。我想起了那个小女孩，她坐在精心摆放的桌子旁，表姐们摆弄着她的头发，她局促地摆弄着领口上的丝质蝴蝶结。我想，缇娅还有很多没有尝试的事情，她的生活充满可能性。

我想把我的身体打造成一个家，我希望我能获得归属感。

缇娅以她自己为荣，我真为她开心。我的脸上流露出温柔的神情。

我相信我离成功越来越近了，她说。

接下来的一个小时，缇娅谈起了她生命中的两个男人、索菲娅的画作、她的工作以及她腰部反复发作的痉挛。就在这里，说着，她攥起手按摩起来。

这两个男人都说爱她，就叫他们托马斯和拉尔夫吧。这两个男人都是她的朋友和情人。他们都是好人。缇娅还没决定和哪个男人生活在一起。这两个男人她都爱。她问我是否有一种“左右兼顾”的方式来判断哪种关系对她来说是最好的选择：很长时间以来，他们都是我生活的一部分，拉尔夫更是从大学就开始了。我建议她想想自己身体里的家，想一想自己希望和谁一起分享这个家。我想和他们两个一起分享，她说。这就是问题所在。

缇娅和索菲娅家中的走廊上挂着三大幅油画，上面画的是一家三代：祖母、母亲和女儿，即伊芙琳、缇娅和索菲娅。这些都是索菲娅在仔细观察后亲手绘制的。这三张面孔代表着一段横跨七十年的岁月，诉说着一个家族三代人饱经风雨的人生故事。每次外出和归家时，缇娅都喜欢凝视着三幅色彩纷杂的肖像画。有时，她会对着画像说话或唱歌。有时，她会用指尖轻抚画布，跟随着索菲娅的笔触描摹画上的面孔。精致的线条勾勒出她们的模样，栩栩如生；眼睛犹如刚开采过的宝石，熠熠生辉。缇娅越来越喜欢这三幅画，她时常伫立画前，静静欣赏，沉醉在母亲和女儿的美丽之中。对她来说，这是一个放松下来的好机会。

我爱你，我也想念你，她面带笑容。

在工作中，缇娅开始对扭曲的权力结构和权力网说不。一旦感觉到有人针对她或者其他同事，她都会马上当面指出来。如果同事们指望她来教化大家，改善职场上的种族问题，给少数族裔营造舒心的工作环境，那么缇娅会把个人生活和工作划清界限。最近，缇娅新接手了一个案子，占用了她不少的精力，是的，她还是希望为客户服务。偶尔，同事们会问缇娅怎么做才能加强内部团结。他们想知道答案。他们会就职场的“多样性和包容性”提问，而缇娅的回答是，站在旁观者的角度看，干预是有用的。或者应该给予实习律师更多经济支持和帮助。我可以什么都不说，也可以长篇大论但言之无物。但是，我还是选择大声地说出来，指出问题。每个人都在寻找解决方案。

也许那些想赶紧解决问题的人并没有真正受到种族歧视的影响，我说。总要经历激烈、艰难的对话，才可能获得最后的胜利。

是的，问题的根本在于大家应该意识到种族歧视的存在，而不是一味地强调内部团结，缇娅说。

那你呢？我问。

每当我看到镜子里的自己，缇娅接着说道，我就知道当初决定整容不过是以为这么做可以快速地解决一切问题。我已经准备好原谅年轻时的自己了。我已经准备好面对种族歧视仍在继续的事实，这种现象将长期存在，我无法摆脱。

缇娅给我讲述了各种各样的生活经历，从她举的例子可以看出，她将自己视作为他人赋能的源泉，而不是一个被对象化的人，也不是被仇视和嘲笑的对象。她不仅抵挡住了外界的冷嘲热讽，而且主动寻求未来和过去之间的平衡，既有勇气重新出发，迎接未来，又不会逃避过去带给她的伤痛。缇娅知道自己想要什么，哪怕她将长期处在种族主义的旋涡中，但她没有逃避，她在这里，清晰地规划生活，勇于向当权者说出实情。她敢想，敢创造，努力地向前奔跑。

你说你想把自己的身体变成一个家，我觉得这种想法很有趣，我说。获得归属感。今晚你所说的一切其实都与这种渴望有关：你想选择的伴侣，家人的画像，你的母亲、女儿，和同事的对话，还有公司的情况。但我想知道腰部痉挛和这些有什么关系？

缇娅脱下羊毛衫，解开领口的纽扣。

总是突然地疼起来，又很快好了，她说，就好像在提醒我什么，我也不确定。我就是不能过得太舒服。

如果你过得太舒服，又会发生什么？我问道。

我不知道。

身体健康最重要，我说，也许你疼痛只是一种症状。

也许吧。也许生活用疼痛考验我的耐力，让我直面我的人生、我的缺点和不足。我身体中源自父亲的那一部分单纯享受着生活，但源自母亲的那一部分要学会生存。

你认为，黑人要先生存，白人却可以无所畏惧地、自由地享受生活？

也许吧，如果身体健康最重要，那属于母亲的那一部分肯定会占上风，毫无疑问。

我怀着崇敬的心情听完缇娅的话，我说，你已经足够好了。多少次他们说你不够好，但我现在要告诉你，你非常好，足够好，甚至比足够好还要好，你属于这里。至少在我这里，是这样的。

这一刻，缇娅瞪大了眼睛。

缺点、不足和生存，都是以前的事了，对吧？

对。

我竭尽全力向缇娅保证，痉挛只是某种病症，不是缺陷。

痉挛只是某种病症，她重复道，不是缺陷。

✦

希望。

像往常一样，我怀抱希望。

我紧紧地扼住希望的喉咙，抱紧它的肚子，请求它不要消失。我希望它能支撑我们，激励我们。我希望它能点燃激情，激发创造力和驱动力。希望，就是恐惧的对立面。我们需要希望。我们必须拒绝失望，乃至绝望。你已经做到了，缇娅。你的身体会成为你的家。你会获得归属感。我将握好希望和胜利的指挥棒，直到你做好准备。如果你准备好了，那就拿上它，继续奔跑吧。

谈话转向了缇娅的日常生活。有的时候，关于种族的谈话会非常沉重复杂，缇娅却不会感到负担。我发现缇娅找到了更多的兴趣，她越来越有幽默感，并且渴望拥有一个新家。我了解到她喜欢游泳，还是个高手。她喜欢一边等拉尔夫做她最喜欢的食物，一边看厨房那台小电视机上播放的电视连续剧。六个月前，拉尔夫搬进来时，把平时用的平底锅从橱柜中拿出来，并带到了缇娅的家里。她喜欢看他做饭。他优雅地在她爱吃的鲑鱼上洒满香料。然后，他转过身，亲吻她的额头，她的脸颊，还有她的嘴唇。而缇娅会抬起手放在拉尔夫的胸前，他的心脏处。她笑着说，一定要让我好好尝尝你的手艺。缇娅和我分享这些时，已经接受了三年的心理治疗。我向她提起了她曾经的伤痛，比之现在的生活，她真的非常幸福。我引用了她那句话：把你的身体打造成一个家，获得归属感。

你觉得你们之间的关系变得更亲密了吗？我开玩笑地问。

一点点，她先是露出微笑，但紧接着哈哈大笑起来。

我想应该远不止一点点吧，我笑着回应道。

好吧，不止一点点，你赢了！

不，是我们赢了，我说。我们四目相对。

生活经历构建了我们的身份。我突然想到，我们的身份永远在改变。那些心怀仇恨、缺乏教养和可怕的人攻击和孤立那些与自己肤色、文化和种族不同的人，给对方的生活带来毁灭性的打击。因为种族主义的存在，个体被卷入冲突之中，不断地感到自卑、被排挤、被厌恶、被暴露和忽视：你是什么东西？它削弱了一个人的核心自我意识，令其失去了对外界的信任，感觉自己被孤立。缇娅经历过伤痛、母亲的离世和种族歧视，缇娅在她的周围建立起孤独的堡垒，把自己隐藏在其中，这么做也无可厚非。*我总是一个人承担所有*。想要完全地以自己的身份生活，意味着她不能否定过去那些痛苦的经历，即来自家庭和社会的结构性种族主义。

在我的治疗和陪伴下，缇娅逐渐接受自己的所有。她与女儿、伴侣、同事、朋友变得更加亲密，甚至包括她自己。她变得更爱自己。在此之前，她原本想陪伴在女儿身边并尊重她的选择，但她被自己过去的经历困住了。早年的经历让她抗拒家庭，尤其怨恨她的父亲，这种仇恨根深蒂固，甚至伤害到了她自己，致使她和索菲娅关系疏远，产生隔阂。在心理治疗过程中，我鼓励缇娅感受并大胆说出这种仇恨给她带来的愤怒、悲伤和失望，随着时间的推移，她能够渐渐放下仇恨，把更多的爱分给自己。现在，她坚定地维护自己的权益，大声地对种族主义说不，她保持愤怒，但心中充满希望。那些愤怒和失望的情绪不再转向内心，不再针对自己。现在，令她愤怒的是社会的不公。为了自己，为了她爱的人，她要用这份激情点燃希望的火炬。

我们都渴望归属。如果一个人因为肤色而被区别对待，那这本质上是一种丧失人性的行为，把一个*普通人*变成了*弱势群体*。这些人不被当作人来对待，他们被物化，被推进毫无道德的深渊，在那里，所有人团结起来，肩并肩，手拉手。他们也需要被家人、朋友、同事看到、尊重和赞美。家是一切的起点。但是，如果我们被告知并不属于这里，且不受欢迎时，那家就不再是家了。所以，我们要找到属于自己的家：组建、拥有、守护。家是属于我们自己的。家是我们出发和回归的地方。

缇娅反思了自己的两个身份：在种族歧视的压迫下幸存下来的黑人和在充满种族歧视的家庭中成长起来的女儿。接着，她又反思了自己与身边人的关系。缇娅渴望把自己的身体打造成她自己的家，像我治疗过的其他患者一样，缇娅也让我深感敬佩。她刚来的时候对我说：**世界上有两种人，一种会出现，另一种不会。请不要让我失望**。典型的二元思维模式。现在，她的治疗结束了。她知道“左右兼顾”的空间更有利于成长和改变。缇娅欣然接受我和她的不同之处，这也让我很高兴。作为缇娅的心理医生，我曾经有过误解，有过错误的尝试，有的时候没有办法完全理解她。和其他患者一样，她到这里来是想接受治疗。作为心理医生，我应该全心投入，利用我在培训中获得的知识和临床实践中积累的经验来帮助，而不是放弃或者领导我的患者。我把她的故事记在心里。我想，在这个故事里，真正的英雄是两个互相学习、互相温暖的女性，她们并肩战斗，在充满白色噪声的世界里看到对方，鼓励对方，治愈对方，共同成长。

午后之爱

爱他，也让他爱你。
你以为天下还有其他重要的事吗？

——詹姆斯·鲍德温（1956 年）

他们躺在低矮的条纹帆布躺椅上，橘色和火烈鸟色的比基尼从边上款款而过。比尔和阿加莎脱下宽松的衣服和遮阳帽，慢慢地弯下腰，松开凉鞋，释放又热又累的双脚，迎接即将到来的幸福时刻。温暖的微风拂过小山般的沙洲和隐秘的水湾，落在他们的银发上，阿加莎强忍着才没有把比尔的脸捧在手心，温柔地亲吻他的唇。但有些东西扼杀了她想要亲吻她所爱之人的渴望。相反，她低头盯着自己皱巴巴的连体泳衣、难看的老年斑和纸一样干燥的皮肤。儿子的话突然浮现在她的脑海里，他说她*太老了，记忆力也不好，还太过愚蠢，不适合谈恋爱，尤其是在你这个年纪*。

他们看着一个脸颊红润的孩子在堆沙堡。摇摇欲坠的塔楼上插着许多苍白的贝壳，海水冲到男孩忙碌的手边便退去了，他的膝盖掩埋在沙子里。快到下午茶时间了，比尔的肚子咕咕叫，他用指尖轻轻拍了拍空空如也的肚子。*我有点饿了*，他说。但阿加莎心不在焉，迟了一会儿才回复。*嗯，我也是*，她终于说，但她心事重重，目光牢牢定格在两位躺着的母亲身上，她们像旋转烤肉架上的烤鸡一样转动着，身材苗条，腰肢纤细，臀部浑圆，身体晒成了古铜色。这些女人擦去胸前和额头上闪闪发光的汗水，然后放下太阳镜，仰卧在地上。我要是有这样的身体，会怎么做呢？阿加莎想象着。我会穿不及膝盖的短裙，裸体跳舞。我会享受拥有那样身体的每一秒。她想象自己青春年少，被还是壮小伙的比尔抱在怀里，当他在远离阳光的地方与她做爱时，她手里抓着白色的棉质床单，深深地沉浸在感官的愉悦中。她闭上眼睛，沉湎于想象，甚至还描绘了一些细节，并鼓励自己的皮肤吸收八月灿烂的阳光。她叹了口气，呼吸像爆胎一样散去，而比尔提出去吃冰激凌，还是来一包薯条？

阿加莎睁开眼睛。棒极了，她面露喜色，我想我两个都喜欢。

比尔拉起阿加莎的手，吻了一下，用自己的手掌覆住她的手，让亲密的感觉一直存在。她看着他的脸放松下来，他把身体转向她。我觉得我们应该结婚，你觉得呢？他笑着说。

阿加莎想说，我愿意，是的，我愿意，但有什么东西阻止了她。于是她只是笑了笑，裸露着的四肢晒得黝黑，她探身亲吻比尔的脸颊。结婚？天哪，我们两个结婚的次数加起来都有四次了。她又笑了。

幸运数字 4，比尔说。

去吧，去吧，她轻轻地赶他走。我要一包薯条，多加盐和醋。

阿加莎拿出草编沙滩包，看了看手机，手机显示有三个阿利斯泰尔的未接电话。她想知道他周末去看望孩子们的情况如何，他有没有把网购的复杂的双层床安装好，以及她的小可怜孙子们是否适应了新生活。阿加莎真希望自己的儿子不是个大浑蛋，这是她内心深处的愿望。

亲爱的，她在短信中写道，手指的动作缓慢而坚定，我和比尔在海滩，但我今晚会给你打电话。爱你，妈妈 ××。

一两个小时后，比尔和阿加莎回到了俯瞰海滩的宾馆，他们已经在这里住了10天。他们停了一会儿，看到一只小螃蟹爬过一堆乱七八糟的垃圾：一张巧克力棒包装纸、一个空的汽水罐和压扁的烟头。阿加莎把垃圾捡起来塞进包里，这一举动让她想起自己跟在第一任丈夫和独生子身后，没完没了地打扫卫生的日子。她不喜欢乱扔垃圾的行为，见了就气不打一处来。她也不赞成那只螃蟹试图在这样混乱的地方建立一个新家。过了一会儿，螃蟹爬进了一圈小块岩石旁边的一个小水池中，它搅起一圈圈的沙子，消失不见了，阿加莎立即平静下来。

你真是永远在做母亲才会做的事，比尔说着，拉着她那只空着的手。

回到宾馆，阿加莎脱下了湿淋淋的连体泳衣。她在浴室的镜子里看着自己的身体，对自己展现了一丝温柔，觉得自己看起来像一颗巨大的果冻宝宝软糖，同时轻轻地掸去藏在她肚子上和大腿上的沙子。在过去的几天里，她的脸上长了很多雀斑，她喜欢这些，它们让她想起自己年轻时享受日光浴的样子，鼻子和脸颊上分布着肉桂色的雀斑，头发泡了海水后，格外有弹性。

你在里面干什么呢？比尔喊道。

掸掉沙子。

她迅速地把一条刺绣丝绸披肩披在肩上，享受着那立即传来的柔软触感，它精致的流苏包裹着她的身体，轻轻地吻着她的乳房……

她打开浴室门，只见比尔站在那里等着她，一丝不挂。他揽着她的腰，把她带到铺着棉布床单的床上。他已经拉上百叶窗，床单也掀开了，他身上喷了古龙水。他们默默地拥抱，披肩落在地上。比尔亲吻她并未剧烈起伏的乳房，温柔地抚摸她，阿加莎注意到自己的身体既不害羞也不急躁。她张开双臂，亲吻着他，呢喃着，她的身体对他的触摸做出了兴奋的反应。他们凭直觉找到了彼此的节奏，随着欲望而加快速度，眼睛睁大，双手握紧。

做爱后，他们休息。阿加莎昏昏欲睡，眼睛闪着光。她的手很放松，向上翘着，沉重地放在枕头上。比尔把刺绣丝绸披肩披在她的肩膀上，把棉质床单盖在她的腿上，又拿了一杯水放在她的床头柜上。他爬上床，相信自己稍后会告诉阿加莎，和你在一起时，是我最快乐，最满足的时候，真不可思议！

阿加莎首先醒来。这段下午晚些时候的睡眠中充斥着一个个梦境，她梦见自己的身体随着一艘黄色的小帆船漂流，比尔在划桨。她回头凝视宾馆，那里音乐流转，衣裙飘飘，充满生气的露台上装饰着仙女灯，那是一个梦，一个愿望，一张明信片。在酣睡了三个小时后，她转向比尔轻声说，我喜欢你抱着我的感觉。阿加莎伸手去拿水杯，还看了一眼钟表，不由得一阵惊呼，天哪，已经这么晚了吗？她赶紧离开愉悦感官的安乐窝，也甩掉了幻想。她站起来，从草编包里拿出手机，走向外面的阳台，片刻前，她还梦到站在阳台上俯瞰下面的阶地。她耐心地等着儿子的声音响起。

你好，我是艾尔，请在提示音后留言。哔哔。

啊，你好，亲爱的，我是妈妈。我说过给你回电话的。希望你和孩子们玩得开心。不管怎样，我要告诉你我爱你。我周五回家，在这之前我们不通话的话，就到时候见了。保重。她挂断电话。

阿加莎知道，如果阿利斯泰尔没有对可爱的伊丽莎白不忠，她一定会更早回他的电话。但她仍然生他的气。她也无法把自己的真实感受告诉他，因为他现在一团糟。我只需要尽我所能去爱他，并且知道如何去爱他，但我很失望，发自内心地失望。

很少有退休了的潜在患者给我打电话寻求治疗，特别是如果他们以前并没有接受过心理分析的话。但是，退休护士阿加莎，以及她的口信，让我心绪难平。她有些激动地透露，她终于找到了真爱，想找人谈谈这件事。我承认我当时感到非常好奇，甚至有所怀疑。毕竟，治疗可以对抗黑暗，缓解疼痛，而幸福浪漫的爱情很少成为人们接受治疗的理由。我迅速翻开工作日志，记下自己对这件事的兴趣，然后拿起电话。

入耳的是一个温和的声音，很幽默，并且有足够的主张来确保初步咨询顺利进行。啊，谢谢你回电话，阿加莎说。我愿意接受治疗。你知道，我恋爱了。但直觉告诉我，这只是分析冰山的一角。难道真会有人接受心理治疗，只为了谈谈自己坠入爱河的事？也许是我变成了一个谨慎的悲观主义者，只会扫兴，不会谈爱？无论如何，我都产生了浓厚的兴趣，同意在接下来的一周与阿加莎见面。

如果恋爱是阿加莎想要接受治疗的真正原因，那我确实很好奇，但我也想知道，这是否只是下意识的掩饰，实际上另有其他原因。我告诉自己，这也许根本就不值得担心，毕竟，了解病人的真实意图，是心理治疗师的职责。治疗师不能低估病人在谎言或误解中寻求安慰的意愿，这既不是我们的责任，也无关兴趣。我感兴趣的是病人如何处理和构建他们的咨询话题（在阿加莎的例子中，是她庆祝自己坠入了爱河），以及可能对他们自己和我说出哪些假称的借口。这些想象和极富创意的虚构理由并不会降低病人所遇难题的合理程度。事实上，它们可以为病人开启更深层次的分析探究。但首先我们必须了解病人幻想的目的及其重要性。没有对现实的曲解，有什么真相是不能分享或探索的？病人用这些夸张的言行来赋予他们的生命意义，是为了达到什么目的？作为治疗师，我的职责是保持好奇和坦诚的心态，而不是像法官和陪审团那样让真相蒙羞。

阿加莎的治疗已经进行了 12 周，我在候诊室里迎接她，去办公室的路不长，路上她告诉我，在度假期间，她很想念我们的闲聊。我给了她一个微笑，知道要等到关上办公室的房门后才能开始治疗时间。治疗中的沟通规则与普通的社交场合有很大的不同。

你还好吗，亲爱的？她问。

我坐到椅子上。

是的，谢谢你，我说。你好吗，阿加莎？

休息得很好，晒黑了，还胖了一点，但这就是假期的意义，不是吗？她说的比问的多，指尖快速划过富有光泽的白发。她用一件漂亮的蓝绿色披肩包住自己的胸口，紧紧抓着披肩柔软的边缘。天气不是突然变冷了？她又说，昨晚我甚至还想过打开暖气呢。要说的事太多了，我真的很想你。比尔提出结婚。

啊，我说，试图跟上她的语速。

我没有答应，但我内心深处很想答应。她顿了顿。我很想嫁给比尔。

我调整了一下自己，看了看时钟，才过去一分钟。你为什么不接受比尔的求婚？我问。

感觉太快了。我们认识还不到一年。那株植物，是新的吗？

我把注意力转向阿加莎所指的地方。一株白色的兰花放在我的办公桌上，她去康沃尔度假前还没有。

是的，我说，上周才拿来。

很漂亮。我喜欢兰花。但我不喜欢它们凋谢的样子。那样一来，就只剩下枝杈和叶子了，对不对？很丑的。我没有耐心等待它们再次开花，通常都扔掉了事。我只喜欢快速开花结果。你呢，你有耐心吗？你会等待花开二度吗？

就像面对阿加莎时经常发生的情况一样，我不由自主地受到吸引，与她进行友好的闲聊，她热情的想法和好奇心极为跳跃，我的注意力因此经受了考验。只要我一个不小心，治疗时间很可能飞逝而过，无法进行太多的探索，或仅仅提到她的真实想法。我一边这么想着，一边轻轻地引导她回到安静的领域，在那里分析可以继续进行。我也考虑过阿加莎是否感到孤独。她的热情流露和对接触的渴望，尽管有时节奏很快并叫人分心，却还是非常明显的，在治疗的过程中，从她那双闪闪发光的眼睛里就能看出来。很多时候，按照直觉，我会保持静止不动，以此作为回应。假如情况允许，我很乐于仔细倾听阿加莎说话，并且在可能的情况下试图了解她所说话语背后的种种深意。在三个月的治疗中，我也在想，她如此热情地聊起别的话题，是不是一种逃避感情的方式。是焦虑，还是不安？但最重要的是，我想知道，阿加莎相对较晚才找到真爱，是否让她接触到了亲密的感觉，而这种感觉在此之前于她而言一直是缺失的。直到现在，我才相信自己真心地爱上了一个人，拥有了这么浪漫的爱情，她在第一次治疗中这么告诉我，尽管我已经结过两次婚了。

我又看了看兰花，我比较有耐心，我说，所以我很可能会等到花开二度。

花开二度。我照搬了她的话。我想到了更多能唤起类似感觉的词。但我是自由想象，不知道她为什么偏偏选这个词。我怀疑这可能与阿加莎今早的来访有关，此外，我观察到，她活泼的谈话风格很可能与兴奋或焦虑有关。

你刚刚提到感觉结婚太早了，我继续说，把阿加莎拉回了话题。你们去年九月认识的，对吧？

阿加莎点点头。我是一月份来找你的。

是的，我说。但如果我没记错的话，你和阿利斯泰尔的父亲在一起还不到一年就结婚了？

的确，阿加莎皱起了眉头。与肯尼斯从相识到结婚的时间更短。

阿加莎19岁时遇到了她的第一任丈夫肯尼斯。她的父母想买车。我们是一个大家庭，所以需要一辆大车。爸爸选了莫里斯·玛丽娜这款车。我想那辆车是蓝色的。

肯尼斯当时26岁，高大，英俊，皮肤黝黑。他喜欢美国车，快车，像是雪佛兰、别克和野马。

莫里斯公司以其进口的美国汽车而闻名，是由肯尼斯的父亲掌舵的家族企业。肯尼斯在开放式展厅的前台工作。

我记得他握着我的手，和其他人一样，也觉得我的手又小又冰。但他太帅了，让我无法呼吸。他告诉我爸爸，要是能带我出去约会，他可以给我们打折。爸爸毫不犹豫地抓住了这个机会。而如今是不会有人这样说话的。

谢天谢地，我回答说。

两年后，阿加莎和肯尼斯结婚了，阿加莎的父母为此松了一口气，也很赞同他们的结合，他们很高兴她的离开为家里腾出了空间，这样他们和剩下的四个孩子就能住得宽敞些。阿加莎是家中的大女儿，她有三个弟弟和一个妹妹玛丽。

我迫不及待地想离开家，摆脱所有的责任，包括照顾我的弟弟妹妹。但事实证明，我只是换了照顾对象而已，后来，我成了一名护士。

可悲的是，这段婚姻很快就破裂了。肯尼斯不安分的目光落在了不同的年轻姑娘身上，此外，他还对跑车和网球产生了兴趣。

周末，他在球场内外拉客户，阿加莎则在家里打扫卫生和做饭。他们没有孩子。后来阿加莎提议生个孩子，患有轻度抑郁症的肯尼斯却说还不是时候。我们得换一座更大的房子，也许过一两年再说吧。不管怎样，你还年轻，我们有的是时间。

他以他自己的方式关心我，阿加莎告诉我。我住得很舒服，我们有一个漂亮的家。我从不渴求任何东西。但我不能说我们曾经相爱过。19 岁的我怎么可能懂得爱呢？

后来，肯尼斯不再回家吃晚饭，在外待到凌晨才回来，而阿加莎则把烧焦的晚餐放在炉子上，以示抗议。我感到孤独难耐，于是去当地的教堂寻求友谊，在那里，善良的教友和对上帝祈祷让她暂时得到了安慰。

想到年轻的阿加莎独自在家，只有收音机和日间电视节目相伴，我不禁感到无比的悲伤。一周中最让她开心的事情是在教堂的烘焙义卖会上帮忙，或者招待她的公婆。公婆发誓说她做的饭菜是他们吃过的最美味的食物，他们都吃得一周比一周胖。

什么时候才能看到孩子们在你们这漂亮的房子里跑来跑去？婆婆问她。

我们正在努力，对吧，亲爱的，肯尼斯说着，拍拍妻子的肚子，不过阿加莎的身体似乎暂时还不适合。

阿加莎咬紧牙关对着盘子微笑。啊，我准备好了，我的身体也准备好了，肯尼斯，现在只需要你在家待久一点，才生得出孩子！她气冲冲地说。

我心里知道我比他坚强，阿加莎说，但那时候女人不被鼓励去想这些事，更不用提说出来了。我认为他在我面前得意扬扬，是他做出的小小让步，免得他自己愤而离开，至少在我们结婚的头几年里是这样的。

阿加莎提出很有兴趣学习成为一名护士，肯尼斯却回答说这是不可能的，要她老实待在家里，照顾他和这个家。有时他很残忍，说她没有当护士的天分，再说，这里有你所需要的一切，为什么还要工作呢？我可以照顾你，不是吗？你想要什么，都能得到。

我想当护士，阿加莎争辩道。

啐！你怎么这么忘恩负义，你知道有多少女人想拥有你所拥有的，想要你这样的生活吗？

我想有很多吧。你为什么不去找一个呢？

她的回答，就像走了一步棋，招来了肯尼斯的报复。

也许我会的。

随手关门。

阿加莎意识到她接受了一个对爱不感兴趣的丈夫，尽管他渴望被爱。在这样一段没有爱的婚姻中，我感到很惭愧，她说。

听了阿加莎的故事，我提出，在一段人际关系的早期承认缺乏爱，并不可耻。

也许吧，她说，但知道父母不爱我是件羞耻的事。我很怕他们。他们并不总是用语言来表达他们的感受，还总是严厉斥责我和我的弟弟妹妹。一天又一天，我不知道自己是会挨打，还是会得到一个吻。

大多数受到心理或身体虐待的儿童都被教导过，爱可以与虐待并存。事实上，许多为人父母的成年人会把这个信息灌输给他们的孩子。在某些极端情况下，他们甚至会说虐待是关心和爱的一种表达。

当我还是个孩子的时候，我记得在学校的操场上，一个比我高一年级的男孩突然把我推倒在地，扯我的头发，而我并没有招惹他。我哭着跑向一位老师，他却告诉我，那个男孩这么做是因为喜欢我。在人生早期接触到这样的信息，不仅危险，还叫人无法接受，因为它们告诉一个年轻的头脑，暴力和爱（或者在这种情况下是喜欢）是交织在一起的，是一回事。

爱和虐待不能也不应该共存。无论是孩子还是成年人，这种扭曲和错误的思维都会影响我们对爱的看法。这是一种创伤纽带。我治疗过许多患者，他们来接受治疗的时候，都认为父母或伴侣虐待他们或表现残忍，是因为这是他们知道的表达爱的唯一方式。我的病人经历过的许多不可接受的行为一直延续到他们成年后的恋爱关系中。对一个在情感上受到虐待或忽视的孩子来说，为那些本该关心和爱他们的人对他们的伤害进行辩解，往往是一种生存机制。完全承认父母可能会残忍对待或虐待自己，对一个成年人来说都是件无法忍受的事，更不用说对孩子而言了。

多年来，我目睹了很多病人勇敢地承认他们出身于机能不全家庭。那些病人遭遇过忽视，身体上和精神上受到过虐待，与此同时，他们又被灌输有人爱着他们的概念。当一个人在一个有虐待行为的家庭中长大，却得到了照顾，就会出现困惑和煤气灯效应，病人很难承认他们所经历的创伤很严重，也相信发生在他们身上的事并没有那么糟糕。

但我想也不全是坏事，阿加莎告诉我。我妈妈有时也会很慈爱。而我的父亲，他尽了最大的努力来抚养我们。只有当我没能做到他们的要求，才会……

才会怎样？我问道。

变得很糟糕。她有五个孩子要照顾，谁能怪她呢？

没有多少孩子能原谅这种暴力行为，我说。

当被问及儿时生活中得到的关心和信任时，阿加莎说，她有时会感到父母关心自己，却感觉不到他们的爱。作为长女，人们对她有诸多要求，要她帮助母亲。母亲命令她做饭、打扫房间，她还要让她那个身为铁路机械师的父亲在穿着沉重的靴子下班回家后，得到娱乐和吃饱饭。打牌和做晚饭这两件事帮助阿加莎挺过了这些无爱的行为。这些亲密的时刻，尽管是通过食物和游戏，还是为她提供了联系的碎片，也让她感觉自己很有用。的确，阿加莎变得非常善于奉献自己的爱，她能干活，这也让她从父母那里得到了一点点爱的回报。她并不十分在意能得到多少爱，后来也接受并选择了那些在情感上受过伤的男人，这些男人很乐意接受她的爱却不予以回报。随着时间的推移，她经历了友谊和爱情，她需要被爱，可这个需求没有得到满足，她面临的都是忽视、不友善、不信任，有时甚至是虐待。在与人交往时，阿加莎更注重关心而不是爱，这能给她带来更大的安全感，这样的要求不像爱的关系那么深，风险也不那么大。

教堂是阿加莎真正感到快乐的地方，在那里，她和别人建立了联系，得到了滋养。在那里，她畅所欲言地表达自己想成为一名护士，并与玛格丽特和汤姆成了朋友。这对兄妹鼓励她，听她说话，送她书，并把她介绍给在各个保健中心和医院工作的人。周末肯尼斯忙着打网球时，阿加莎、玛格丽特和汤姆就在主日学校帮忙，然后为去教堂的信徒准备茶点。

教堂就像我的家，阿加莎说。

在阿加莎的人生中，这一章没有圆满的结局。

结婚第五年的一天，阿加莎正在洗热水澡，突然接到了一通电话，说肯尼斯在一场车祸中丧生了。

我仍泡在洗澡水里，这有助于缓解我的震惊。直觉告诉我他不是一个人在车里。当警察最终把他的遗物交给我时，我在肯尼斯的钱包里发现了一张他去世当晚入住酒店的收据。你本来应该为一个人的死伤心，却难以抑制对他的恨意，这简直是一种煎熬。我想象着，如果我们彼此相爱，我就会感受到一种不同的痛苦。但我却不得不想象他人生中的最后时刻是和另一个女人在一起的。一开始我很生气，然后就无所谓了。这种冷漠远比愤怒更糟糕。

我花了一点时间感受阿加莎的悲伤和失望。丈夫的死与他的不忠交织在一起。我首先想到的是他还年轻，肯尼斯去世时才 31 岁，而阿加莎，在年仅 24 岁时做了寡妇，被独留承受这种冷漠的孤独。一定有一个简单的解释，她的公婆说。肯尼斯不会做这种事的。绝对不会，我们的肯不会的。我怀疑那个女人是他的客户，是在试驾，阿加莎的公公撒了谎。

他们俩总是串通一气，阿加莎解释说。

真正令人惊讶的是，三个月前，阿加莎和肯尼斯为了庆祝结婚纪念日，住进了同一家酒店。但那个夜晚让人感受不到爱，肯尼斯在晚饭后不久就离开了，最好上床睡觉，明天早点出发，留下阿加莎独自喝着雪利酒，忍受冷遇。

悲伤可以是爱的庆典，我说。假如真的爱过，我们会为失去那个人而悲伤，会为失去曾经的关系而悲伤。很抱歉你们的结局是这样。看来你的悲伤只突显了你对与肯尼斯这段关系的期望，以及本来可以实现的种种可能。你的冷漠，则凸显了你渴望不一样的东西。

对我来说，最悲伤的不是想念他。我怎么可能想念他呢？我想要怀念和他共度的时光。我想要怀念他抱着我，爱着我，以及我对他的爱，但他在我身边的时间并不够长，并不足以让我想念他，即使他活着的时候也是如此。

阿加莎身体前倾，注意力又集中了。她回到了安静的当下。

因此，考虑到这件事，我说，你认为你在与比尔结婚这件事上犹豫不决，真的是因为你认识他的时间很短吗？还是另有隐情？

我想可能有其他原因，她回答。

那是什么？

阿加莎停顿了一下。我爱比尔，我想和我爱的男人一起生活，她轻声说道。

这难道有很大的风险吗？我问。

是的。还有阿利斯泰尔。他不赞成。他认为我又老又笨。他的婚姻支离破碎，在这样的时候，我不知道自己能不能嫁给比尔。

这么说，你来接受心理治疗，既是因为你对爱有些犹豫不决，也是因为——

内疚？她质问道。

内疚？我重复道，同时点点头，我明白了。阿加莎，你还要多么努力地挣扎，才能得到你的爱？

她低下了头。我的内心真的很挣扎，她说。问题太复杂了。在某种程度上，我总是把阿利斯泰尔的需求放在我自己之前，但这一次我不想这么做，却也为此感到内疚。

我明白，我说，沉吟片刻后又道，但如果我们重新定义内疚呢？把它想成是转向内心的怨恨。

深入讲讲，她说。

也许把负面情绪转移到自己身上，比承认你儿子的不赞成和你对他的不以为然更容易，我说。你不希望看到他比现在更痛苦，这是可以理解的，但代价是什么？你和比尔的爱情？有可能你把这种怨恨转嫁到自己身上，却不去探明真相，借此来避免冲突。想要，也是一种行动。当我们致力于自己的情感体验时，在你的例子中是爱比尔，如果你意识到自己的恐惧和任何自我毁灭的尝试，以此来保护自己免受风险，那么，渴望就能得到满足。

我看着阿加莎陷入沉思，她的眼睛盯着已从身上解下来的披肩。

所以我告诉自己我们认识的时间还不够久，这样就可以保护我，不与阿利斯泰尔发生冲突。

也许吧，我说。

阿加莎又盯着兰花。

或者我这样告诉自己，是为了给我最爱的两个人更多的时间去了解对方？

也许吧，我重复道。

或者这只是我在找借口，好避开我最害怕的东西？

是什么？

失败。或者是因为我终于找到了一个我想爱的人，想和他亲密无间的人，一个不仅关心我而且爱我的人？这感觉很不一样，很可怕。也许是因为这充满了未知，玛克辛。

我懂了，我笑了。但也许值得冒险，阿加莎。你觉得呢？

我认为有很多“也许”，阿加莎说。

还有很多“爱”，我又笑了。

太可怕了，阿加莎在下一次治疗中告诉我。

她喝了一小口水。我注意到她今天平静多了，不那么心烦意乱和激动，说起话来也更连贯了。治疗进行了 15 分钟，大部分时间阿加莎都保持着沉默，偶尔会掉眼泪，如同小兽般抽泣。她的注意力集中在最近发生的一件事情上。

她提起了晚餐的事：在糟糕的氛围里吃的海鲈鱼。

阿利斯泰尔迟到了。

阿加莎看了看表。要不要再给他打个电话？她问比尔。

你给他留言了吗？

是的。

那就再等等吧，比尔说。

大约一小时后，阿利斯泰尔到了。阿加莎打开前门拥抱他时，虽然有薄荷味的掩饰，但她还是闻到他呼吸中带着酒精味。他的眼睛是深色的，眉头深锁，皱纹间充斥着悲伤，表情带着焦虑。进来吧，亲爱的，她抚摸着他冰凉的脸颊说。一切都好吗？

堵车了，阿利斯泰尔说着，把一束粉红玫瑰塞进阿加莎怀里。是什么东西？闻起来很香。这个礼物，我们随后会知道，代表着残忍和冷漠无情。

是海鲈鱼，比尔和阿加莎齐说，然后大笑起来，但阿利斯泰尔既没有微笑，也没有加入，而是耸耸肩，脱掉夹克。你们已经在为彼此说话了？他窃笑。

比尔和阿加莎对视了一眼，没有理会。我去拿，比尔说。

比尔和阿利斯泰尔坐在餐桌旁，烤箱前摆着一个花瓶，里面的浅色百合花已经枯萎了。我帮你换下来好吗？阿利斯泰尔指着百合花问。我知道粉玫瑰是你的最爱。他给自己倒了一大杯酒，把一个面包卷撕成两半。酒应该再冰镇一下，他嘲讽地说道，根本不在乎嘴里塞满了食物。结果咀嚼过的碳水化合物喷了比尔一身。比尔不仅准备了色香味俱全的家常菜，熨平了白色的棉布桌布，还摆上了香薰蜡烛和精心挑选的葡萄酒。阿加莎对儿子的粗鲁感到愤怒和厌恶，很快就变成了内疚。她记起了那句话：如果我们重新定义内疚呢？把它想成是转向内心的怨恨。说得太对了，她一边把干瘪的鱼倒进配菜盘里，一边尖刻地想着。我讨厌他的粗鲁。阿加莎立刻感觉好多了，她不再内疚，愤怒感觉更真实，她也觉得可以更忠实于自己内心真实的感受。

当她把海鲈鱼和蔬菜摆上餐桌时，阿利斯泰尔来了精神，快活地拍拍肚子，好像在告诉它美味的食物来了。

看起来很好吃，妈妈，他得意地说，比尔和阿加莎还没来得及拿起叉子，他就大吃了起来，一滴黄油从他嘴里流出来。阿加莎倾身为他擦了擦。

我不是小孩了，阿利斯泰尔说。

你差点唬到我，阿加莎说。

喝了三瓶酒后，阿利斯泰尔瘫倒在沙发上，但在此之前，他为自己的不忠辩护，还给出了各种各样的意见，说明比尔和阿加莎为什么不应该住在一起：自从孩子们出生，伊丽莎白就对我一点兴趣都没有了。你们俩应该保持现状，搬到一起住简直是疯了。

你的婚姻破碎了，所以我并不指望你会为我们感到高兴，但我希望你能闭嘴，阿加莎厉声道，一边说一边把最后一个盘子放进洗碗机，然后啪地关上了门。我上楼了，比尔。书房里有毯子和枕头。

比尔给爱人那个气哼哼的儿子盖上温暖的毯子，脱下他的粗革皮鞋。

对不起，阿利斯泰尔拉着比尔的手说。我喝醉了，还很孤单。

睡吧，比尔说着，把一张纸塞进了阿利斯泰尔的裤兜里。

第二天早上，阿利斯泰尔醒来时发现了比尔的字条，他头痛欲裂，嘴巴非常干燥：

如果我们要做朋友，你就得为昨晚的大发脾气向你母亲道歉。只有一件事比一个孤独的醉汉更糟糕，那就是一个孤独的醉汉不会说对不起，比尔。

第二天下午，事情变得多么美好啊：阿利斯泰尔走了，闹出了这样一场闹剧，处处挖苦，到头来赶走的却是他自己。比尔和阿加莎躺在床上，头枕着温暖的枕头，羽绒被紧紧地裹着他们的身体。他们不由自主地在正午柔和的阳光下做爱两次，温和而满足。阿加莎紧紧地抱着比尔，像是抱着一艘救生筏，有关阿利斯泰尔的思绪像风暴中的波浪一样，在她的脑海里翻滚。午后之爱。

*别担心，亲爱的，*比尔说。

*我控制不了自己，*阿加莎说。

她不知道是否应该给伊丽莎白打电话，说服她再给阿利斯泰尔一次机会，但她已经知道答案了，谁能怪她呢？于是她想象阿利斯泰尔还是个婴儿时的样子，有一头浓密的金色卷发，笑起来露出牙龈。他对恐龙和外太空的热爱一直陪伴着他，直到他十几岁。她经常这样想象，特别是在感到无能为力时，她脑海中的画面让她心中涌起了怜惜之情，既能给她带来抚慰，又让她忧思难解。这一定是她的错，她心想。当他父亲因*癌症*去世的时候，我本应该多做一点，多说一点，多爱他一点，内疚自行涌上她的胸膛，越来越强烈地压迫着她。*如果我们重新定义内疚呢？把它想*

成是转向内心的怨恨，她闭上眼睛问自己，她的内疚是不是转向了内心的怨恨，但她意识到这实际上是失望。阿利斯泰尔在晚餐时表现得如此恶劣，令人无法接受。但她认为，更令人失望的是，他就为了一个骚货，便抛弃了自己的家庭。

突然，她对第一任丈夫的记忆浮现，她想起那段时间里，有关网球比赛的谎言和谈论都成了不忠的掩饰。她猜想她的儿子也说了同样的谎言。不过伊丽莎白肯定比我痛苦得多，她心想，因为伊丽莎白是真的爱过阿利斯泰尔。

阿加莎注意到自己用了“爱过”这个词，她的无力感又回来了。她又想象阿利斯泰尔婴儿时的样子，一张网眼毛毯包裹着他小小的身体。她多么希望自己从小到大都能得到阿利斯泰尔得到的爱。我认为我真正怨恨的是我的父母，几周后，她在一次治疗中这样说道，她回忆起她的父母，并承认如果她的父母能得到他们的父母的爱，他们就可能爱她。

任何从出生那一刻起就观察孩子成长过程的人都清楚地看到，在学会说话之前，甚至在认识母亲或照顾他们的人之前，婴儿就会用迷人的表情、快乐的声音、甜美的咯咯笑声来表达自己得到了爱和照顾。在成长过程中的每一天，他们都会对关爱做出反应，当看到自己很喜欢的母亲或照顾他们的人时，他们会笑，以表达自己的爱意。我想起了哈里·哈洛的重要研究成果，以及他对“金属丝猴母亲”的实验观察，他的发现改变和影响了我们对早期依恋的理解。

在实验中，哈洛在小猴子出生后立即将它们与母亲分开。然后，这些小猴子被放在有两个替身母亲的笼子里，其中一个由金属丝制成，另一个覆盖着柔软的毛巾布。在第一组中，布妈妈不提供食物，而金属丝妈妈提供食物，即在替身母亲的身上各绑一个奶瓶。[1]两组猴子与布妈妈在一起的时候都更长，即使它没有奶，只有肚子饿了小猴子才去找金属丝妈妈。一旦吃饱了，小猴子会立即回到布妈妈身边，在一天的大部分时间里，依偎着它柔软温暖的身体：这象征着母亲的关怀。如果在笼子里放入未知或可怕的东西，小猴子就会躲到布妈妈那里，把那里当成安全基地。布妈妈在减少婴儿恐惧方面要有效得多。实验还得出结论，当布妈妈在场时，婴儿更具探索性，这验证了进化的依恋理论，即母亲和照顾者提供的安全和敏感反应比提供食物更重要。结论是，当提供温柔的养育、温暖和接触时，婴儿会感到更安全、更稳定，会建立更深的联系，从本质上讲，“身体”胜过食物。

但正如我们所知，关心只是爱的一个方面。如果我们想以一种真正的方式去爱，就必须让爱成为一种行动。我们必须认识到爱不仅仅是一种感觉，因为当我们积极地去爱，我们就对需要我们负责的人负有责任。对我来说，爱和欲望一样，是一个动词，而不是像有些人认为的那样是一个名词。接受爱是一种行为，意味着承诺尊重、信任、认可、沟通和喜爱。在爱另一个人的艺术中，我们不是被动的。人并非简单地“坠入”爱河，而是为之奋斗，与之一起成长，承诺并尊重它。爱是行动。

---

1 “金属丝猴母亲”实验中，绒布妈妈并未绑上奶瓶，此处疑为作者笔误。——编者注

他确实在第二天打电话来道歉，我很高兴，但我仍然感觉……她想找个合适的词，但放弃了，而是把手举到空中，摇着头哭了起来。

看得出来你非常难过，我说。

我还很困惑和失望。我不明白，他为什么就不能为我高兴？

她又擦去眼泪。兰花的花瓣掉了，她指出。

我把注意力转向兰花。是的，我说。那该怎么处理？

我不知道，但至少还剩了几朵。

是的，我说，但与其等着看会发生什么，我想我还是施点肥浇点水吧。我从座位上站起来，找到粉红色的小瓶肥料，又在喷壶里加了水，倒进兰花的塑料盆里。

阿加莎微微一笑。

爱是行动，我说。

爱也是纪律，就像我们的治疗一样。与阿加莎一起反思“爱是行动”，我关注的是使爱成为可能的能力和能量。爱情不是被动，也不是逆来顺受。它需要承诺。“受伤的治疗师”是心理学家卡尔·G.荣格创造的一个术语，在我看来，它被过度使用了。作为一名心理治疗师，虽然思考病人及其故事如何影响我自己的伤口和治疗很有帮助，但我并不幻想任何治疗师，或就此而言的人类，都能得到完全“治愈”。治愈是一个持续的过程。我相信我们所做的是创造各种条件，从而让治疗师和病人着手进行共同发现，虽然治疗师拥有特殊的知识和经验，但绝不是掌握所有答案和力量，从而可以治愈病人的治疗师。“受伤的治疗师”的概念把治疗师放在了一个基座上，在他们身上加诸了不稳定和不可能实现的期望，最终只会让病人失望，毫无疑问会导致治疗师从高处跌落。

当阿加莎说**我不明白，他为什么就不能为我高兴**时，我深深同情她。也许我们都有过这样的情况：生活中一件我们渴望已久的事终于发生后，我们都希望朋友、家人或爱人为我们感到高兴。而当这种爱或热情被否定或拒绝时，那是很伤人的。我想起曾经，我得到了奖学金，可以上艺术学院，这是我十几岁时的一个梦想，然而我得到的只有蔑视和恐惧。尽管如此，我还是去了，有些朋友和家人没有和我一起庆祝，这让我很生气。我现在明白了，他们没有用语言来告诉我，他们对我的离开感到害怕，他们会想念我。直到很久以后，我才能够以同情和同理心来面对他们的恐惧。有人可能会说，只需要彼此了解就能做到这一点，当然，我们永远不可能了解和遇到病人所经历的一切。但是，在共度的时刻，用我们作为治疗师所学到的知识和我们自身愈合的伤口去帮助病人，这样的愿望无论是否普遍存在，都可以建立联系、给予安慰。这是一种联系。

我放下喷壶，回到座位上。

阿加莎仍然呆呆地看着兰花。

我相信她把注意力转向兰花，是因为她很伤心。这样分散注意力，也许是一种令人愉快的方式，尽管兰花正在凋零。刚才我给兰花浇水，是希望给阿加莎一些时间平复感情，在看着我给植物根茎施肥时，她可能会认识到，即便我们很生气，也并非完全无能为力。花儿会再次绽放。只要妥善照顾和培育，它们就将会再次开放，哪怕再度开花时，它们会因为愈合和生长的时间而显得不同，但全新的蓓蕾中充满了希望。

阿利斯泰尔一定很伤心，她说。

我觉得你们两个都很伤心。

事实是，她说，如果没有阿利斯泰尔，我就不可能爱比尔。你看，是阿利斯泰尔教会了我如何去爱和被爱。

真是不可思议的礼物，我说。

过去是，现在也是。如果爱是行动，那么我们都要把爱付诸行动。母亲和儿子。我要把所有的爱都给他，这是我欠他的。

我感到泪水涌上眼眶。他知道吗？我问。

不知道，但也许我会告诉他。那之前，我先要平息自己的愤怒和失望。

也许你的愤怒是一种保护，让你免受痛苦，我说。生气时，我们会感觉到更多的能量，这抵消了无力感。看到你唯一的孩子受到重创，看着他现在的行为，你一定很难受吧。他不为你和比尔感到高兴，这不大度。你和比尔的关系，有没有变得紧张？

阿加莎沉吟了一会儿才回答。

我心甘情愿把爱献给比尔，我从未这样爱过任何人，她说，值得注意的是，我似乎也能让他爱我。我希望阿利斯泰尔能为我，为我们感到高兴。在他父亲去世后的这么多年里，只有我和他两个。我们之间有一种特别的联系。

这不是我第一次了解到，在为人父母后，病人对爱的态度变得越来越坦率，特别是如果病人在成长过程中遭遇过忽视，不曾感受过爱。没有父母或照顾者的早期依恋的支持，孩子在小时候和长大成人后都会认为自己不配得到爱。正是父母和孩子之间的纽带教会了我们，我们应该得到爱，别人需要我们，教会了我们如何爱自己、爱别人。在年幼的时候，我们中的一些人可能记得，只要表现良好，让父母和照顾我们的人都高兴，他们就会说爱我们。反过来，在他们叫我们高兴的时候，我们也学着模仿，去表示自己的爱。如果爱是有条件的，并在最需要它的时候有所缺失，又或者，如果我们在小时候感到无法做真实的自己，做不到真实和自由，有可能被剥夺爱，那么就会产生巨大的危险。这种潜在的危险太大了，因为我们明知会让父母和照顾我们的人失望，却还要说出真心话，会发生什么呢？受到孤立？遭到遗弃或暴力？

从这些在儿时就被剥夺爱的故事中，我得到的教训和理解是，有时在想象和实现浪漫的爱情之前，病人会觉得爱自己的孩子更安全。*我甚至不知道自己有没有爱的能力*，一位病人告诉我，当时她唯一的孩子离家上大学，她正在考虑有没有可能与别人建立亲密的关系。后来，她兴奋地发现，无论是爱别人还是被人爱，她的能力是相当出色的。但前提是她克服并释放了小时候不被爱的悲伤，毕竟一直以来，她都没有办法也没有发言权，去说出和治愈内心的渴望。另一位患者说，*在女儿们的关爱下，有些事情得到了治愈。这份爱非常深刻，过去是，现在也是。儿时的伤疤被抚平了，我得到了爱，她们也得到了爱*，她说，*我很感激*。

病人们也表达了愤怒和绝望，怨恨常常在他们心中酝酿，他们总觉得所有的任务都落在了他们的肩上。在许多情况下，需要多年的心理治疗来缓解他们因为不被爱而受到的伤害。作为一名治疗师，我试图让病人注意到他们的创伤。我们一起努力寻找语言来表达因为感觉不到被爱或被需要而失去的东西。我说过，过去无从改变，没有回头路可走。但是，当你的悲伤有所缓解时，你可以选择再次以爱为行动，让你的心说话，如果这符合你的渴望。

阿加莎沉默了，她的目光飘忽不定。我们之间有一种特别的纽带，她重复道，然后擦去更多的眼泪，我不知道我们之间是怎么了。

我想原因在于阿利斯泰尔正在承受痛苦，而你却坠入了爱河，我说。有些人可能会说时机不对，但考虑到你对比尔的渴望，这是不可避免的。阿利斯泰尔在分享爱和创造母子关系方面给了你一份不可思议的礼物。但你和比尔建立恋爱关系非常重要，即使这意味着会与阿利斯泰尔发生冲突。

他更希望我永远一个人。他希望他父亲是我生命中最后一个男人。

阿利斯泰尔多大时，他父亲去世的？

13。

你一个人孤独了那么久，我说。

在阿利斯泰尔的父亲汤姆去世后，我交了几个朋友，但我感到的烦恼和内疚太难以忍受了。我觉得最好等到阿利斯泰尔成家后再说。天啊，现在把这话大声说出来，听起来我真像个烈士。

她看着我，我想她是想要我的确认或否定。

我感兴趣的是你付出了怎样的代价？我的意思是，你怎么处理自己想要伴侣的渴望？

我寄情于工作。我是个好护士。有人可能会说，对住院出院的孩子们，我忠诚、热情、受人喜爱。我热爱我的工作。我觉得自己很有价值，很有用。肯尼斯死后，汤姆一直鼓励我接受护士培训，这在某种程度上使我与他保持了密切的联系。我知道他会为我和我的工作感到骄傲。

你确定你不爱汤姆吗？我开玩笑地问。

此时，阿加莎的笑容又回来了。汤姆是一个值得爱的人，她说，我们一起度过了一些非常特别的时光。但我们结婚是因为我们非常关心对方，而不是因为相爱。我们很合适，就像最好的朋友。我们都去教堂做礼拜，有相似的兴趣，我喜欢他的家人，尤其是他的妹妹。他很善良，而我和他一样孤独。我想如果他没有死于癌症，我们还会在一起。

与肯尼斯不同，阿加莎的第二任丈夫有一双温暖的手。汤姆是一位家具修复师，沉默寡言，他坚忍的性格和宽阔的肩膀为阿加莎提供了保障。在室外工棚，他一待就是几个钟头，一边就着一桶小葱和一块奶酪，开着收音机，一边修理坏了的椅子，给那些早就被遗忘的东西加上柔软的垫衬。汤姆的父亲也是一个性格内向的人，他细心而敏感地教汤姆学习法式抛光、室内装潢和刨木，阿加莎看着他工作，会立刻感到平静。他在每个户外工棚都放了一把椅子，他有很多椅子，方便我和他坐在一起。

听着阿加莎描述她和汤姆的婚姻生活，我不禁感到宽慰。在一个庞大的一次性消费主义的世界里，护理和修复让各种物件重获新生，像是给它们服用了一剂“补药”。但这也让我想起了我们关于兰花的谈话，一旦兰花凋谢，阿加莎就会直接把它们扔掉。我想知道阿加莎是否从童年起就一直在努力恢复自己生活中的某些东西，也许是她无爱的人生，而看着汤姆工作，看他重建和治愈被忽视和遗忘的东西，她感到平静，甚至是安心。

我试着想象你和汤姆坐在户外棚屋里的情景，我说。我很想知道为什么他的工作能让你平静下来。

我感觉到了他的爱，他想让那些东西都恢复生机，她说，就像肯尼斯死后他对我一样。他非常喜欢旧家具。即使哪件家具破烂得不像样子，他也会温柔地抚摸和修护它们。有一次，他花了整整一个月的时间为我们认识的一家人修复了一个儿童摇摆木马。每天我都会去看木马的变化。那真是一次美好的经历。

对修复木马这件事，他没有漠不关心，我说。

没错，他没有把它扔掉。他相信它。

沉默袭来。

我想我可能知道我们要怎么做了，阿加莎说。

我点头。

她清了清嗓子。我把兰花扔掉，也许是因为我只知道这样的做法，也有过这样的经历。当我还是个孩子的时候，暴力和冷漠取代了爱的缺失，这让我觉得自己不可爱，因此可以抛弃。但汤姆不一样。

能多说一点吗？我问。

汤姆让我知道了什么是关心和尊重，她继续说，他很体贴。他还非常善良。最初嫁给汤姆的时候，我还没有准备好去爱，也不知道如何去爱。但是，生了阿利斯泰尔，这一切都改变了。那时候，我更关心别人，因为如果你关心别人，对别人有用，就可能会得到一点点认可。

你指的是你父母，还是肯尼斯？我问。

都有，她厉声说。

她顿了顿，才继续开口。

汤姆被诊断出癌症时，我们结婚已有 15 年了。这对我和阿利斯泰尔都是一个打击。我们看着癌症摧残他的身体，她哭道。我们去医院看望他，阿利斯泰尔会把他推到花园里。那里有大片的玫瑰花丛。粉红玫瑰成了我最喜欢的花，汤姆很喜欢它们的香味。他让我摘一些给他闻，还带回到医院的病床上。他的葬礼上也放了玫瑰花。

我现在明白为什么阿利斯泰尔的粉红玫瑰礼物让你如此不安了，我说。

完全正确。感觉很残酷。

她沉默下来。

给我玫瑰花并不能让他的父亲起死回生，阿加莎说。他的残忍也不会。我得跟他谈谈。

你想谈什么？

我想告诉他，我是爱比尔，但这并不意味着我对他的爱会有所减少，也不意味着我会忘记他的父亲。我想告诉他，他不能再这么残忍和轻蔑了。我要告诉他我爱他，尽管他的痛苦让他变得很可恨。我想说，振作起来，去向你的家人道歉，直到你嗓子疼为止！

背部和肩膀挺直，充满了警觉。我们两个突然都坐直了。之前的闲聊对今天的治疗没有任何影响，现在的阿加莎充满了生命力。她得到了力量，可以去学习，去爱，语言活力四射，她用自己的语言重新唤起了内心的渴望，想要被别人看到、感受到，并得到理解。双脚牢牢地拴在地上，她就有了根。我感觉到了她的坚定和理解力，而她现在正利用这些，重新实现自己的渴望。

说得很好，我点头表示赞许。时间到了，我说。今天的治疗到此结束。

阿加莎打开前门，见到屋里摆满了脏盘子，脏衣服软塌塌地挂在金属衣架上，潮湿而绝望的气味扑鼻而来，她很惊讶，但并不震惊。她用戴着手套的手捂住鼻子，走上楼梯，沿途收集瓶子、丢弃的衣服和空的家庭装薯片包装袋。来到楼梯顶端，她深吸了一口气，扶着木栏杆稳住身体。她累了。她的孩子穿着睡衣躺在床上，蜷缩得像一颗豆子，一只小虾。她坐在床上，抚摸着他潮湿的头。阿利斯泰尔向她挪了挪。对不起，妈妈，他说。我一团糟。

她看到床头柜上有一个空酒瓶，叹了口气。我真该在你小时候鼓励你清理自己的玩具，阿加莎说。

什么？阿利斯泰尔困惑地说。

孩子们从实际行动中学习如何应对情绪混乱，我没有为你做好足够的准备。我什么都帮你做了，我的心理医生可能会说这是一种忽视，而且，在你父亲去世后，我为你做得更多了，因为我不忍看到你承受那么深的痛苦。我还把自己的需要放在一边，把你视为我的生活，我的世界，但现在我想要比尔进入我的生活，艾尔，我爱他。你要明白，我不想继续一个人了。你必须放下心里的怨恨，你的自怜也必须停止。我爱你，阿利斯泰尔，但我现在不太喜欢你现在的样子，尤其是在上周晚餐时发生的事之后，玫瑰的事，太残忍了。

这并不奇怪。我也不太喜欢我自己，他回答，我很抱歉送你玫瑰花。这么做太卑鄙了。

是的。

我说你和比尔的那些话不是有意的，但时机太糟糕了。比尔是个好人。

他坐起来，她注意到他瘦了很多，出于母爱，她拉起被子盖住他，让他暖和一点，并摘下了手套。他们的矛盾解决了。

你为什么会有外遇，艾尔？

我很寂寞，他立即回答道。伊丽莎白总是忙着照顾孩子们。我总觉得自己像个备用零件。她把事情都做得井井有条，一直都是这样。我也希望我们四个人能过得开心，但我觉得自己是局外人。

你有没有试着更多地参与进去，或者告诉伊丽莎白她是一个多么了不起的妈妈？她什么都做，也许是迫不得已。晚上她哄孩子睡觉，你在哪里？她告诉我你在外面过夜，连个电话都不打。现在我们知道那是因为你有外遇。这世上是有因果的，艾尔。

我非常想念他们，他说。

那就告诉他们。告诉你的家人你有多抱歉。这种分离不会自愈。你想让伊丽莎白原谅你，就必须付出巨大的努力。别闲坐着，光是闷闷不乐地喝酒是没用的。

你感受到什么，就做什么。爱是行动。而现在我看不出你有多深的爱。看看这个地方，简直就是个猪圈！

阿利斯泰尔靠在母亲怀里，手脚轻轻地摇晃着。她渴望一些强有力却也是无声的事情发生，那就是改变。后来，在喝咖啡的时候，他告诉她，他渴望时光倒流，同时又想拼命向前走。

阿加莎和阿利斯泰尔拥抱在一起，母子之爱汹涌澎湃，他们紧紧相拥的身体之间有足够的空间容纳道歉和原谅，却连一丝空气也透不过去。他们在拥抱中有学习、倾听和互相了解。午后之爱。

✦

冬天来了，地上落了一层雪。

外面，纤弱的雪花点着头，来回摇摆颤抖。我捧着咖啡杯暖手，用空着的手给曾经盛开的兰花浇水，现在那株兰花和以前不一样，只冒出一点嫩芽，长着尚未成形的小嫩叶。我记得阿加莎曾认为这样的兰花丑陋。*我不喜欢它们凋谢的样子。那样一来，就只剩下枝杈和叶子了，对不对？*从办公室的窗口，我看到一群意志坚定的画眉鸟在啄食鸟食盒上挂着的大颗坚果和种子。最后，我的注意力回到了宝拉·雷戈的两幅版画上，它们都装了框，但还没有挂起来。我本想把它们挂在我吱吱作响的书架旁边，但这群活泼的鸟儿飞来了，我暂时忘记了往墙上钉钉子的任务。

有片刻的分心自然是好事，这对任何心理治疗师来说都是不可避免的情况。在临床实践中，思绪漫游可以在激动的对话时刻提供急需的喘息之机，甚至在棘手的情况下提供一点消遣。但这也可以缓解不适、忽视想法、否认感觉或扼杀欲望。这些持续而灵活的干扰不仅提醒我们生活中处处都是挑战，而且当生活中充满挣扎时，它们也是我们摆脱各种情绪的一种方式。

我拿起第一幅题为《爱》的版画。这幅画是雷戈《女人的故事》系列画作中的一幅，画中一个女人穿着深色印花衣服躺在猩红色的床单上。她的头靠在枕头上，双手按在心口，目光在某个地方。这幅画在令人陶醉的同时又叫人心痛，每次注视着画面对爱的坚定描绘，我都会深受感动。以前，我还不知道这个女人手捂心口，是因为爱还是因为心碎，毕竟雷戈对情感的刻画相似到了令人担忧的地步。的确，如果我不知道《爱》这个标题，我肯定无法察觉这个女人是出于爱还是出于失去，才会用手捂着心口。

阿加莎是带着爱来接受治疗的，*我愿意接受治疗。你知道，我恋爱了*，她是这么说的。当时我怀疑这种说法只是冰山一角。有人可能会说我这个人太多疑，疑神疑鬼。像雷戈的画一样，我分辨不出阿加莎所感受到的是爱，还是完全不同的情感。如果是别的情感，那是什么呢？我记得自己无论是出于好奇心还是愤世嫉俗的观点，都认为浪漫的爱情很少构成人们接受心理治疗的原因。然而，阿加莎提醒我，我们都是一无所知的专家，而这是我的培训治疗师在很早就教给我的一个道理。一方面，我学到的知识和临床经验很有帮助，另一方面，阿加莎给了我经验和机会，让我看到治疗不仅是对抗黑暗和缓解痛苦，还可以对心理问题进行探索、见证和理解，也是绝佳且必要的方法。

我和阿加莎能够审视她充满了恐惧且极度不幸的童年，她两任丈夫的死亡，她第一任丈夫的不忠，她儿子的出生以及其间发生的一切。这不仅是理解她后来做出的一些选择的必要条件，也是对她人生历程的尊重。

大多数人都想知道和理解更多关于爱的技巧和行为，或者至少对此怀有一颗好奇之心。*爱到底是什么？没有人教我们如何去爱。爱是幻觉吗？你认为他、她、他们，爱我吗？你爱我吗？爱是毒药。爱叫人苦恼。我什么时候才能找到真爱？爱情只是资本主义试图让我们相信幻想。爱是成长。我渴望爱。我需要爱。爱是战场。爱是力量。爱，爱，爱*……这些年来，爱一直是病人谈论的话题。我一直着迷于学习、感受和参与这些探索。爱是一种非常私人和独特的经历。渴望和无爱生活的蓝图是否可以继续存在，是否要鼓励爱之渴望造成的伤口愈合，都应该由我们来决定。

从阿加莎的经历我了解到，人在晚年可以做到对爱保持开放，可以有爱的能力，而这是非常强大的。她勇敢无比。她提醒我，痛苦不是我们的命运，而是我们的动力。不管我们过去遇到了怎样的痛苦经历，只要我们敞开心扉去爱和被爱，就能自由地生活。这并不是说我们要忘记过去，而是通过治疗，我们可以让困难以不同的方式存在于我们的内心，并且明白一点：过去已经过去。过去的经历不再像以前那样对我们产生影响。选择改变，就是接受充满力量的爱。爱我们的人所给予的认可和接受，可以让我们开始康复并成长。

阿加莎还向我展示了一个最丰富、最古老的真理：爱能治愈人。作为阿加莎的治疗师，我试图改变，不再在爱这件事上泼冷水，也不再愤世嫉俗，而是怀有希望和尊重。愤世嫉俗的根源在于恐惧和无望。有人提醒我，治疗不仅仅是减轻身体上的痛苦和精神上的折磨，或者治愈不安的心灵，也是一个机会，让我们清醒过来，并准备好接受一直在等待着我们的爱。它是我们想要和需要的爱，虽然我们尚未遇到，不曾经历，甚至可能还不了解。用阿加莎的话来说：67 岁，我才刚刚开始。

希望之刺

最崇高的行为是看重别人胜于自己。

——威廉·布莱克《天堂与地狱的婚姻》（1790 年）

几个星期以来，他们最后的谈话渗透在她的生活里。她记得那个下午：天近日暮，温暖，空气中夹杂着芬芳。他不情愿地开了口，只是每句话都混乱而飘忽。她一遍又一遍地大声重复这些话，除了她自己没有人听到。她想象着他的样子：遭遇挫败，眼神狂乱，让她对他那不安的心灵失去了拯救的全部希望。

那天，他看起来瘦得只剩皮包骨。他的鞋子太大，已经磨损，鞋带也没系上。她多么想紧紧地抱着他，可爱的宝贝。她想把他拉进怀里，曾经，在为期九个月的时间里，她的身体是他的家。她想对他柔声细语地诉说充满爱的话语，而这也许能抚慰他所有的伤痛。贝弗莉希望，这些话能把他从黑暗孤独的水中拉出来，那水想把他拖下去，使他生病。但他转过身去，又给自己倒了一杯酒。而这已经是第三杯了。酒装在一个皮制便携酒壶里，揣在他那件宽松的海军大衣的胸袋中。

饿吗，亲爱的？她问，看着他粗糙的指甲边缘。

不太饿，妈。

尽管如此，她还是提出给他做午餐，做他最爱的食物意大利肉酱面。（食材？都是在冰箱冷冻着的，万一他的食欲恢复。我也可以给你做个三明治。我有火腿。但她忙乱一番，只是让他越离越远。只要接触到爱和关心，他的身体就会蜷缩扭曲，而她只能眼睁睁看着这一切。

在没有草的草坪上，一棵古老的枫树摇摆着。这里曾经鸟语花香，他能听到鸟叫，看到鸟飞，并乐在其中。他小时候在枫树下坐着、睡觉、看书。但在这个温暖而芬芳的下午，他只看到了影子。树枝不再遮阳，不再阴凉，它们变成了触手，树干变成了可怕的恶魔，树叶变成了眼睛。很快，必要的信息将通过树根到达，而那信息源自地表下的低语。贝弗莉握着他的手，知道他的思想已经失去了平衡。

每隔一段时间，心理治疗转诊病人就会让我的信念彻底动摇。这将考验我是否具备从事这项工作的资格，是否有足够的临床经验和技能，是否有足够的智慧和足够的心理空间。贝弗莉就是这样一个转诊病人。在阅读她的评估报告时，我注意到自己非常谨慎地考虑是否可以为她进行治疗。她要求治疗师必须是女性，而且要在伦敦市中心见面。评估员强调，*治疗师必须是一位母亲*。我们在早上谈过一次，到第二天中午，贝弗莉坐在我对面，一副生无可恋的样子。她是一个没有生活目标的女人。

她吸了一口气，给了自己一点时间。她的脸上透着悲伤，犹如刚刚留下的伤痕。*一周后，他自杀了*，她说，带着一丝悲伤而好听的苏格兰口音。

贝弗莉坐在椅子上，我注意到她很高，脊背挺直，头发斑白。她是一位相貌出众的女士。她的穿着时髦而舒适，柔软的运动夹克搭配宽松的牛仔裤。她看着我，棕色的眼睛里充满了痛苦，我好似看到悲伤像土星的光环一样环绕着她。我们保持沉默，我任由贝弗莉那沉重的话和失去的一切渗透到我的身体里。

我知道你是一位母亲，她继续说。

是的，我是，我说。

我不再是了。

唯一的孩子自杀了，母亲就不再是母亲了吗？贝弗莉的角色现在消失了，但我想，也许她在蒙蒂死后这么快就放弃了母亲的身份，是因为她太痛苦了。几乎没什么事能比白发人送黑发人更令人伤心、痛苦、残酷的了。它留下了一个巨大的空洞，留下了许多问题，在人们遭受的众多损失中，丧子之痛的愈合，以及之后重建生活，所需的时间最长。蒙蒂年纪轻轻便撒手人寰，他的死过于惨烈。一位母亲为失去独生子而悲伤，她难过的是失去了一个能体现她的生命的人，一个在她的生命历程和身份认同感中处于中心位置的人。在这复杂的丧子之痛中，我想知道贝弗莉是否下意识地对这悲伤的过程感到恐惧。我想进一步探索她那句我不再是了背后的深意，但首先必须慢慢开始治疗。

我整理思绪。如果我开口，我担心可能会说出侮辱她的话，因为在这悲伤和痛苦的时刻，只有她唯一的孩子起死回生，才能带来安慰。我对此深信不疑。我儿子的模样在我脑海中闪现，我尊重贝弗莉痛苦的现状。我作为母亲的身份并未改变，连这个事实本身都显得残忍、麻木和过度赤裸。我希望能说些什么，神奇地让贝弗莉的生活好起来，但当然不存在这样的话，所以我只能说：

对你的损失我深表遗憾，贝弗莉。

她点了点头。

我能想象你现在有多痛苦。

贝弗莉屏住呼吸，仿佛时间暂停，很像蒙蒂的年龄定格在了26岁：可爱的宝贝。她的眼睛瞪得老大，里面写满了绝望。贝弗莉伸出双臂，手掌张开，搂住自己的身体。她低下了头，身体开始来回摇晃。

也许这个动作和搂紧自己受伤的身体如同一种催化剂，让她发出了一声如此原始的喊叫，一阵恶心的感觉猛然直冲我的喉咙。我坐在那里，听着她哭。她时而尖叫，时而低号啜泣，声音深沉。我把椅子挪近一点。过了许久，我提醒贝弗莉，我在这里，和你在一起，你并不孤单。贝弗莉的身体仍在摇摆。

我也不想活了，她坚定地说。

她用腕背擦去鼻子和嘴巴上的泪水。她的眼睛闪烁着琥珀色的光芒，又红又肿，写满悲痛。

你的独子自杀了，我说。这是你的现实，你的痛苦，没有办法可以立即逃离。但死亡不是答案，也不是解药。你能跟我谈谈你的痛苦吗?

她停顿了一下。

上周我想着干脆走到汽车前面死了算了，她说。任何快速移动的车辆都可以。我想感受蒙蒂所感受到的痛苦。我想如果我被车撞了，就能体会到他的痛苦。他受的苦比我多，这不公平。他一定很害怕，很绝望，很孤独。我应该坚持让他回家和我在一起。他停了药，又开始喝酒，我闻得出来。但他的病容让我害怕。我能看到的只有他的疯狂。我感到很无助。

悲痛欲绝之下，贝弗莉试图成为他。她翻出了他的衣服。这些衣服留在了漆成桃红色的客房里，这个房间是他儿时的卧室，那时候刷的是蓝色。她穿上他的连帽衫做早餐，她做的是鸡蛋，可她没有吃，后来便丢掉了，因为她不能允许自己的肚子里有任何食物。她吞下他丢弃在餐桌上的剩余药片，等待着麻木的感觉淹没她心中无数的疑问和假设。她在音响里反复大声播放他最喜欢的乐队的歌曲，尖叫着吼出歌词，不在乎是否有人听到。她强迫自己的脚穿上他的鞋，那鞋很大，走起来只能拖着，她会轻轻地系上棕色的鞋带，同时试图想象他在人生最后时刻的情形。在那最后的时刻，他在想什么？他早上洗过澡吗？吃过早餐吗？在喂他心爱的猫蒂莉之前，他抚摸过它吗？他给谁打过电话吗？有没有给别人打电话？我是他的妈妈，他为什么不给我打电话？为什么不打？为什么……

在较为安静的时刻，当音乐的干扰被掩盖，药物的奇迹不再起作用时，哭泣为贝弗莉悲伤的思绪带来了安慰。她从衣柜顶上的鞋盒里拿出了他的一个旧玩具，是一只小黄兔子。她低声呼唤着他的名字，蒙提亲爱的。在这些时刻，她又和他在一起了，母子再度团圆，老妈和蒙蒂－穆在一起。她把小黄兔的耳朵贴着脸颊摩挲着，就像他曾经那样，希望她能紧紧地抱着她的孩子，紧一点，再紧一点，唱起甜美的摇篮曲。

蒙蒂在吃什么药？我问。

抗精神病药物。每当遇到困难，他就会在最需要的时候停止服药。前阵子他和女朋友分手了，这彻底毁了他。所以他做了他一直做的事。他转而去喝酒。我们什么都试过了。治疗，药物，戒酒治疗。可都毫无效果。我看不到我的孩子了。

我注意到贝弗莉的声音中充斥着怒气，竟有些颤抖，于是我想知道，未来的治疗是否应该找到办法，让贝弗莉记住蒙蒂生病和自杀之前的样子。或许这过于简化了。相反，我想象着早先的蒙蒂坐在受伤绝望的自己身边，而贝弗莉就在一旁。

你想撞车寻死，是因为你想体验蒙蒂的感觉，做蒙蒂做过的行为？

差不多吧。

我们会找到其他方法的，我轻声说。

我就是为此而来的。

他是在“篝火之夜[1]”降生的，像小猫一样，很顺利地出生，小拳头攥得很紧，有一头乌黑的头发，蒙蒂。助产士和医生看到他 9 磅 2 盎司的体重时皱起了眉头，赶紧给贝弗莉多缝了一两针，对此贝弗莉既没有感觉到也不记得，直到有一天她摸了摸自己，才发现了那个小伤疤。贝弗莉似乎听到一个护士说了句真是个小胖子，却很快改口，夸孩子“很漂亮”。她记得，数完手指和脚趾后，她终于抛开恐惧，松了一口气。她抚摸着他薄薄的头皮，发现他的头形有点像圆锥形，并不完美。一位护士注意到贝弗莉的触摸，

1 即每年的 11 月 5 日。——译者注

她的手在他那柠檬形的头上多停留了一会儿。我们不得不用镊子让他慢下来，她温柔地解释道，他出来得相当快。他很想和妈妈在一起，护士笑着说。这使她平静下来，放下了一颗心。贝弗莉对这位好心的护士报以微笑。

回到家里，她用网眼毛毯把他包起来，并学习母乳喂养的方法。她在胸罩带上别一个回形针，以防忘记上次是用哪边的乳房给蒙蒂－穆喂奶的。她发现，每次蒙蒂抓过她的乳房，用冷冻的卷心菜叶敷一会儿，便能舒缓沉重乳房的灼烧感。凌晨两点的喂奶时间是她感到最平静和满足的时候，虽然很累，但天地间似乎只剩下了她和蒙蒂，以及满天星辰。后来，她的母亲从苏格兰远道赶来教她在断奶后如何喂养孩子。用搅拌机把南瓜、苹果和梨搅碎，舀进制冰盒，等到蒙蒂八个月大的时候，再拿出来放进微波炉里加热，就可以吃了。一岁时，他已经可以走路了。

贝弗莉的丈夫并没有像她希望的那样和蒙蒂亲密无间。一开始，他倒是很有爱心，也很乐意帮忙。他做饭，帮着做家务，还主动提出带蒙蒂一会儿，把他绑在腰间，带他去当地的公园。但西奥再也不愿意像她做母亲之前那样抚摸她的身体，看她拿起吸奶器、乳垫和神奇乳霜时，他会尴尬不安。有很多次，她发现他在浴室里手淫，却不与她交欢，就好像他身处单人性爱幻想小隔间。而当她终于找到时间与丈夫亲热，性爱却寡淡而平静。面对着他弓起的背脊，她空虚的身体并没有太深刻的反应。

贝弗莉开始注意到，他们一家三口很少在一起，西奥大多数白天和晚上都会灌下很多威士忌。他开始用“妈宝男”这样的字眼说儿子，她觉得他把蒙蒂放进婴儿车里的动作有点粗鲁和草率。后来，西奥指责她过分挑剔和过度保护，还指责蒙蒂黏人，像个被宠坏的孩子。他不知道自己有多幸运，西奥说。当朋友们在晚餐聚会上问她做母亲有什么感觉时，西奥经常打着开玩笑的幌子，提起《儿子与情人》。提到 D. H. 劳伦斯的小说，是用狡猾的方式指责蒙蒂，诅咒他成年后将无法去爱，因为在他的一生中，母亲的影响力最为强大。

你怎么理解西奥的嫉妒心？我在一次治疗中问。

他的童年过得很不好。父亲是个功能性酗酒者，母亲患有抑郁症。她是个好人，但丈夫酗酒的事让她心力交瘁，无心顾及其他。西奥总是觉得自己受到忽略。我猜他是嫉妒我和蒙蒂的关系，嫉妒我对他的关心和爱。

我知道西奥的代际创伤可能影响了贝弗莉和西奥的关系。我们嫉妒自己的孩子，其实是在自欺，我说。也许我们为自己的孩子想得太少，却为自己想得太多了。

我曾听母亲、父亲和监护人抱怨他们的孩子多么忘恩负义，而孩子们拥有的机会、物质享受和慈爱的父母，他们自己从来没有享受过。实在是被宠坏了，病人们这样说。他们不知道自己有多幸运，在他们这么大的时候，我在周末打一份工，还要帮妈妈照顾兄弟姐妹。我不由自主地压抑自己，但我不知道为什么。他太自以为是了。我对她感到非常愤怒和怨恨。大多数情况下，嫉妒都是一种下意识的行为。如何才能从嫉妒中解脱出来，接受我们自己和我们的生活方式，从而享受并为子女的成功和幸福感到自豪？嫉妒自己的孩子是一种心理崩溃，一个不小心，不仅会失去精神上的平静，也会在这个过程中失去我们的孩子。

随着时间的推移，我发现探索病人的情感匮乏（这通常会导致嫉妒），有助于治愈他们对孩子的嫉妒。我们为自己没有的东西而心怀嫉妒，想象不出自己拥有它们是一种怎样的体验。人们看到自己的孩子实现了一种他们不可能实现的生活，就会感到非常痛苦。我想到了一位才华横溢的艺术家兼作家蒂莉，她的父母在情感上遥不可及，在黑暗的日子里总是对她施以惩罚，疏于照顾。他们也是艺术家，母亲是诗人，父亲是位失意的画家，人们批评他的作品不温不火。蒂莉的儿子并不像她是懵懵懂懂地进了艺术学校，他无论尝试什么，都能成功。他能从容应对一切，很少遇到冲突和困惑，想要什么和需要什么都信手拈来，可以轻松实现梦想。

因为他有你这个母亲，我说。你说过你会全力支持他的艺术天赋，支持他上艺术学校。

蒂莉点了点头。我想做一些不同于我所经历的事。我想支持他，但有时我很嫉妒他的生活是如此轻松。

我倾身向她。现在是个好时机，于是我说，你对你儿子的奉献是多么值得我尊重。你让我知道威廉·布莱克所说的“最崇高的行为”是什么意思，那就是“看重别人胜于自己”。

蒂莉和我对视，露出了灿烂的笑容。

但是，我继续说，谈论这件事的代价，可以带来治愈，解决你内心潜在的冲突。也许你如此投入，会叫你觉得非常疲倦，还会想起你的过去。你在小时候渴望得到关心，渴望别人需要你，对你感兴趣。承认你小时候所经历的匮乏极富深意，这让你知道你为什么会对自己的儿子心生嫉妒。

在治疗结束的大约一年后，我收到了蒂莉的信，说她要在伦敦市中心的一家画廊开画展，你愿意来参加开幕式吗，这个邀请会不会越界？她还开始上美术课程了。我是班上年龄最大的人，但我不在乎。我在做我最喜欢的事：写作和艺术创作。

在治疗结束的大约一年后，我感到了自豪和宽慰。我去了那个画廊，但不是在开幕当晚。她的画很大，画面广阔，风格更大胆了。画作的着色与蒂莉以前的作品有很大的不同。我写信给蒂莉祝贺她。她回信说，我喜欢你说我“大胆”……

外面，一阵汽车警报器的恼人轰鸣打断了我的思绪。贝弗莉伸手去拿纸巾。要是蒙蒂还能活着让我嫉妒，我做任何事都愿意，她说，目光投向地板。要是他还在就好了。

她曾向西奥建议两人晚上出去约会，或者接受夫妻治疗，出去度假。妈妈可以照顾蒙蒂，他当时一岁大了，很高兴和外公外婆在一起。他们计划去威尼斯旅行。西奥热爱哥特式建筑，这次旅行也许会让他高兴起来，她想象着在威尼斯信步徜徉，乘船而行，去参观那些雄伟壮丽、受经典神话和工程奇迹启发的雕塑。她自己对古老花园的热爱也可得到满足。她希望等到蒙蒂到了入托年龄，她能报名参加她一直渴望的园艺课程。在最初的日子里，她和西奥曾设想过一个完美的场景：西奥将继续担任他长期努力打造的建筑事务所的合伙人，贝弗莉则担任景观设计师。非凡的园艺！他曾这么说。你可以离开公关部门，去做你一直想做的事，每天去户外，与大自然为伴。

威尼斯之行并没有如贝弗莉所愿。西奥一连几个小时都守着手机和笔记本电脑，最后敲定威斯敏斯特的一个修复项目。他的情绪变得不稳定，她注意到他没到中午就开始喝酒了。我们是在度假，他注意到她在打扫酒店房间的迷你吧台时的表情，便这么说。到下午三点，他已经睡着了，她只得独自一人前往圣马可大教堂、总督宫和佩吉·古根海姆博物馆。二人一起吃饭时，她经常胆战心惊。因此，只要他点的菜过了很久还不端上来，或者他的酒杯没有倒满酒，她就先发制人，防止他对服务员无礼。有几次她给母亲打电话询问蒙蒂的情况，西奥总是嘲笑她，之后还故意失踪，借此来惩罚她。一天晚上，贝弗莉感觉自己被人猛地一拉，惊醒后，他那夹杂着苏格兰威士忌味道的呼吸扑了过来，他进入她的身体，在片刻的犹豫后，他的动作就变得极为粗暴。她叫他停下，却挨了他一巴掌。

蒙蒂三岁时，西奥把离婚协议书交给贝弗莉，离开了家。

他离开了我们，我却松了一口气，但也有点沮丧，贝弗莉说。房子归我们所有，可我们没有讨生活的办法。法院判决了抚养费，他周末可以来看蒙蒂，但每次都搅得乱七八糟，让人感觉非常沮丧。只要西奥有机会让生活变得艰难，他就会这么做。我经常带蒙蒂去他家，他都不开门。他要么喝醉了，要么忘了蒙蒂要来过周末。我开始很不放心把蒙蒂留给他照顾。

我能理解为什么，我说。

他应门，我会很害怕，他不应门，我也很害怕。不管怎样，蒙蒂都变得非常苦恼。所以，有六个月的时间，我在周末不再送蒙蒂过去。西奥也没有联系我询问原因，然后他就不再付赡养费了。法院花了一年多的时间才采取行动，到那时我已经负债累累，不得不在当地一家园艺中心找了一份工作。

在接下来的五年里，贝弗莉做着一份全职工作，并在晚上和周末学习园艺。做我喜欢的事，这对我的抑郁有所帮助，但我意识到我没有尽到责任全力陪伴蒙蒂。没有人帮我，母亲在苏格兰，只能偶尔帮上一把，而且成本高昂。我很孤独。我常常害怕暑假的到来。我不工作，就没有收入，也不能经常找朋友帮忙。

贝弗莉在蒙蒂11岁生日前后注意到他开始口吃。我们在一家汉堡店，听从我的鼓励，蒙蒂去点餐，结果弄得脸颊通红。他说不出话来。我只好替他点了菜，不想让他或服务员继续尴尬。事后看来，我真希望自己没有这么做，她说。

那是你第一次注意到蒙蒂的口吃吗？我问。

很惭愧，并不是。学校说过他变得越来越孤僻，很难让他开口说话。我经常不由自主地替他说话。想来是我以为他会好起来，不过是有点害羞而已。

接下来发生了什么？我问。

我带他去看语言治疗师，这似乎真的很有帮助，但长话短说，我们意识到蒙蒂很沮丧，很愤怒，愤怒到了你无法相信的程度。气他的父亲，气我们离婚，气他自己交不到想交的朋友，气我一直在工作，气没有人带他去看足球比赛。一年中，他见西奥的那寥寥几次都会以眼泪告终，这让蒙蒂感到绝望。在他 13 岁生日那天，他说他再也不想见到他那个又是酗酒又是游手好闲的爸爸了。那之后不久，我认识了迈克。

给我讲讲迈克的事吧，我说。

记忆涌上心头，她的目光也变得柔和起来。迈克是个好人，她说。亲切，风趣，她笑道。我们在一起六年。他对我和蒙蒂都非常好。我们现在仍然是好朋友。

她沉吟了一会儿。

我们是在周末的传播课程上认识的，当时我以为再也没有人会觉得我有吸引力了。他当时已经是一名园林设计师了，我们很投缘。一年后，迈克搬了进来。蒙蒂当时快 16 岁了，所交的朋友都很——她停顿了一下——不可靠。他们经常冒险，不守规矩，还滥交。

迈克曾指出，蒙蒂在身边时，她沉默少言，还战战兢兢。起初，贝弗莉不太情愿承认这一点，也很自然地保护着他们的关系，她解释说，过去的 12 年里，只有她和蒙蒂两个人一起生活。蒙蒂需要一段时间来适应。然而，她并没有忘记把钱包和珠宝藏起来。

六个月后，蒙蒂最好的朋友罗伯特出车祸去世了，这让他崩溃了。这是后来大多数事情的催化剂。他酗酒、吸毒，整个人失控了，任何试图接近他的人都被回绝。贝弗莉全身心地投入工作中。这是唯一让她觉得自己并非一无是处的地方。

18 岁生日过后不久，蒙蒂要求贝弗莉做选择，要我，还是要迈克。她选择了迈克，如果被迫做出选择也算选择的话。

我很孤独，除了蒙蒂外，我需要有人爱我，贝弗莉说，我想要迈克，我需要他。长久以来，我一直都是一个人，或者说在努力做一个妈妈。但我知道，重新拥有一段幸福的感情是要付出代价的。蒙蒂看到迈克让我开心，却因此感到难过。他感到自己被排斥在外。蒙蒂已经开始了自己的生活，可他认为我不需要生活。他变得非常自私，自命不凡。

贝弗莉无数次地试图向蒙蒂解释她有多孤独。她多么想找一个和她有相似兴趣的伴侣，一个可以和她亲密相处的人，但蒙蒂坚持说：他不适合你。我们不需要他。我是认真的，老妈，我和他两个人你只能选一个。下定决心吧。

我想知道，这样一个如此重要、如此复杂的决定，为什么会在如此匆忙的情况下做出？蒙蒂真的这么不理解和无视母亲的渴望与需要吗？是他变得自私和自以为是了，还是他在试图传达别的什么？蒙蒂强迫母亲在他和迈克之间做出选择，那么，他最害怕的是什么？这件事对贝弗莉的影响是，她觉得自己被逼得走投无路，受尽了欺负。她努力实现自己对爱情的渴望，于是决定让迈克留下来。

后果太可怕了，贝弗莉说。他把厨房砸了个稀烂，把杯子和盘子扔到地上。我怕他。你选择他而不是我？他尖叫着质问。你真是个坏妈妈。你是个自私的人！

两周后，经过多次的交谈和治疗，蒙蒂告诉贝弗莉，我要搬出去了。不过这次分开的时间并不长。说实话，贝弗莉说，我很享受只有我和迈克在一起的时光。我们的家感觉平静祥和。就我们两个人，感觉很有趣。但现在说这话，我很内疚。蒙蒂离开后，贝弗莉意识到有他在，她居然变得如此战战兢兢，如此焦虑。面对他，她的肩膀和下巴都是绷紧的。她踮着脚走来走去，生怕让他心烦意乱，惹他生气，只弄得自己筋疲力尽。他找到了别的地方住，我松了一口气，她说。

从 16 岁起，蒙蒂就在当地的一家木工公司工作，当了两年学徒，在与贝弗莉闹翻后，他决定搬去和当时的女友珍妮住在一起。这段关系很短暂。贝弗莉很快发现珍妮怀孕了，还经常抽大麻，不过这与她终止妊娠的决定无关。我是会留下孩子的，蒙蒂后来告诉贝弗莉。我想要一个儿子或女儿，我可以照顾他们。那样就有人陪我了。珍妮却决定自行其是，不与蒙蒂商量怀孕的事，这让他很不安。她为什么要那么做？蒙蒂问道。我想搬回家，老妈。可以吗？

于是书房很快被改回了卧室，并再次漆成了蓝色。我们买了一张新床、一些植物和棉质床单。每周四晚上都吃比萨，看电影。但分开的 18 个月对贝弗莉来说就像过了很多年一样。蒙蒂变化很大。他的幽默和温柔似乎融化了，取而代之的是愤怒、轻蔑和残忍。她觉得他的笑话丑陋、阴暗，并不和谐。他渐渐滑向了邪恶的深渊。他粗暴的语气和偏执使她感到害怕，他对朋友和兴趣的选择也成问题。他开始文身。他的胸前、背部和手臂上布满了蛇、头骨和破碎的心，显得凶狠，很有攻击性。贝弗莉问他为什么要文这些图像伤害自己的身体，他回答说，我的身体我做主，你他妈别管。

迈克经常在吃饭和看电影的时候提早离开（影片都是精心挑选的，以避免冲突）。贝弗莉在家里要安抚两个男人，日子过得如履薄冰。蒙蒂把他抽了一半的大麻烟卷、衣服和盘子到处乱扔，弄得屋里臭气熏天，贝弗莉则说服自己相信这没什么好担心的。她试着忘记只有她和迈克两个人时她有多快乐，她拒不承认那美好的时光，从此就要与平静、快乐和安宁背道而驰。她自己的渴望和需要被放在了次要位置。迈克开始退缩。但贝弗莉告诉自己，重要的是蒙蒂回家了，她可以看着他，照顾他，为他做饭，像她在他小时候为他做的那样。

把恐惧和我们的孩子联系起来，令人很不舒服。害怕失去他们，害怕代表他们，害怕他们。贝弗莉对蒙蒂有着各种各样的恐惧。她害怕他的愤怒、古怪的行为和文身。她担心他那练过卧推的身体会报复她。她也害怕一觉醒来发现他被关进了大牢，或是被丢进了水沟。一提到整理和打扫他的房间，他的目光就投向那几把菜刀，吓得她退缩。*我想打扫的时候就打扫，我他妈又不是小孩子*，蒙蒂厉声说。贝弗莉鼓起勇气反击。*那就别表现得像个孩子*。她害怕自己对他大发雷霆，害怕自己的无能为力。她已经精疲力竭。她讨厌这对她和迈克的关系造成的影响。一天晚上，贝弗莉梦见蒙蒂在她和迈克睡觉的时候放火烧了房子。醒来后，她检查了他的房间里有没有打火机和火柴，并订购了几个灭火器，分藏在每层楼。

真希望我能早点帮他，贝弗莉说。*我不知道抽大麻会导致精神错乱。我突然失去了我的儿子。*

有两个方面在起作用，她遭受的是双重的丧子之痛：一是蒙蒂自杀而死令人心碎，二是她早些时候失去了那个有趣、善良、温柔的孩子。我看得出来贝弗莉是多么绝望，看着她的孩子从轻微的吸毒到深陷精神错乱不能自拔，对她来说一定非常痛苦。

彻底绝望之际，贝弗莉打电话给西奥。听到他的声音时，她崩溃了。西奥温和、耐心、清醒，今年早些时候他拿到了戒酒第10年的奖赏（每隔12个月由匿名戒酒互助社颁发一次，以纪念他戒酒成功）。她希望蒙蒂也能参加互助社。

贝弗莉解释说，由于拒绝服药，蒙蒂已经失控了，他的精神病发作比以往任何时候都更频繁，也更暴力。她告诉西奥，她和迈克一直在努力建立联系，互相支持。*迈克受够了，所以我们要休息一下。他要搬出去了*，她说，西奥听着。

我再也不认识我们的蒙蒂了，他对我来说完全是个陌生人，她哭道。

接下来的一周，蒙蒂被送去戒酒，他一共三次尝试戒毒和戒酒，这是第一次。第二次治疗后，他决定再次搬出家，和朋友住在一起。

我一个人住，我不知道自己做错了什么，只觉得自己是个坏妈妈，贝弗莉说。她看了看我桌上的钟。*男人总是离开我，这是为什么？*

“坏妈妈”这个想法，我不确定它有多大用处，我说。

贝弗莉点点头，耸了耸肩。

*你熟悉“足够好的母亲”这个说法吗？*我问。

作家、精神分析学家兼儿科医生唐纳德·温尼科特创造了“足够好的母亲”“平凡的慈母”“不能只有婴儿，母亲和婴儿在一起才完整”等用语。从文化上来看，温尼科特在为人父母方面的研究非常进步，也叫人产生共鸣。在二战后社会剧烈变化的时期，他直接在电台对母亲们讲话，他天生是一个善于沟通的人，富有同情心，通过对人类发展的深刻理解来表达敏感和复杂的问题。他认为，“足够好的母亲”是能够适应孩子需求的母亲。但这适应最终会减弱。母亲绝不是“完美的”，但“足够好”，所以孩子们只会感到一点点沮丧。

67 岁时，温尼科特为他的母亲写了一首诗，名叫《树》：

母亲在下面哭泣
哭泣
哭泣
于是我认识了她
曾经，躺在她的腿上
就像现在躺在一棵枯树上
我学会了让她微笑
止住她的眼泪
解除她的内疚
来治愈她内心的死亡
使她活跃起来，就是我的生活

我以前听过这个说法，贝弗莉一边说，一边用拇指揉着小腿，“足够好的母亲”，她重复道。

我认为这是一个非常有用的短语，我们可以一起思考一下，我说。

好吧，她轻声说话。既然你这么说了。

我心想眼下时机不太好，便暗暗记下，等贝弗莉更愿意探索了，再重新审视温尼科特的理论。我们讨论了紧急号码。我们一致认为，如果恐惧和绝望出现，叫人难以抵御，她就得拨打这些号码。她说，我对撒玛利亚会[1]很熟悉。其他号码包括她的家人、朋友、迈克、她的全科医生和我本人的电话号码。这些人便是她的关怀圈子。

时间快到了，贝弗莉。我说。你感觉怎么样？

她耸了耸肩。愤怒、绝望。她说，还不够好。

接下来的六个月充满了愤怒、内疚和绝望。

希望破灭了。就像身上长了根刺一般，贝弗莉到处寻找机会来表达心里的绝望和愤怒。她出现在迈克家，浑身是汗，下雨也不穿雨衣，身上浇得湿透。她想让他看到她浑身湿透，带她去他的新家，脱下她的衣服，用柔软的毛巾擦干她的身体。她想让他在她哭泣的时候像喂婴儿一样用勺子喂她，为什么在我最需要你

1　慈善机构，提供电话自杀干预服务，服务范围主要是英国和爱尔兰。——译者注

的时候离开了我？迈克拿来一件毛衣、一把勺子和一碗热汤。对不起，他说。

她在黎明前给西奥的电话留言，尖声指责他是个多么糟糕的父亲和丈夫，曾经还是个酒鬼。你还记得你在威尼斯对我做了什么吗，你这个怪物！西奥醒来后给她回信。对不起，他说。

她吃了很多意大利肉酱面，吃完了就催吐。那是蒙蒂的最爱。同时，她还试图追查珍妮的下落，并考虑写信给她：看看你对我唯一的孩子做了什么，我的蒙蒂－穆。你带走了他的孩子。她写了一个名单，上面记录着不关心蒙蒂的朋友、让蒙蒂生病的想象中的毒贩子、没有做好自己工作的治疗师、那些告诉蒙蒂她们爱他却还是离开了他的女孩。她搜肠刮肚，想要回忆起有哪些人伤害过蒙蒂，哪些事可能导致他自杀。我恨这个世界，恨世上的每一个人，她嚎叫道。

她到处都能看到蒙蒂：街角、厨房门口、花园的枫树下、干洗店、银行、（飘浮在）她的床上方、超市排队的队伍里，以及她梦里的火车轨道上。无处不在。她梦见蒙蒂没能把椰子从底座上敲下来，就沮丧地摔倒在地上大哭大闹，她只好花很多钱买来了大熊猫玩偶，他一看就抱着不放手。多少钱？贝弗莉问游乐场里那个友善的文身男。

有时候，她觉得自己的痛苦稍稍有所缓解，但负罪感很快就接踵而至：我怎么敢感觉还好？我怎么敢忘记他不在了？于是惩罚又开始了，强烈如野马猛蹬后腿直立起来。她喝酒，吃东西，在炉子上烧伤自己，狠撞拒绝为她让路的墙壁和门框。她砸东西，扔东西，把它们摔个稀烂。她在花园中心、咖啡店和超市里与人争吵，用力把手推车推入购物通道的中央，料定别人都不敢有异议。痛苦和愤怒吞噬了她。她要是哭出来就好了。相反，她想要与人接触，那是一种强烈的欲望，想要推撞某物、某个人。这欲望充满暴力，令人筋疲力尽。贝弗莉希望能控制自己的感受。她希望按下按钮，就能让自己拥有不同的感觉，更好的感觉。我太累了，她说。

悲伤就是这样，它不受控制。它按照自己的时间，做自己想做的事。它顽固，意志坚强。悲伤在我们的思想和心中停留的时间，比任何一个悲伤的人想要的，有时甚至能忍受的都长得多。

晚上，贝弗莉抱着蒙蒂的小黄兔子，用它柔软的耳朵在脸颊上摩挲，直到身心俱疲，终于睡着了。当她从破碎的梦中醒来时，悲伤再度来袭，就像是无情的地狱周而复始，常现人间。

贝弗莉的大部分疗程都充满了愤怒、内疚和无力感，直到她终于流下了释然的眼泪。我鼓励她流泪。

贝弗莉筋疲力尽。

我也筋疲力尽。

在这一点上，我们是一致的。

我不愿意在这个微妙的时刻休息。然而，休个假吧，我的督导建议道。你累垮了，对贝弗莉和其他病人都没有好处。于是我去度假，躺在阳光下。小杯冷饮送到了，读了些书，我的身体拥有大海轻柔的拥抱。我休息。我呼吸。我休息。

一转眼悲转欢，欢转为悲。[1]我大声说出莎士比亚的句子，除了大海没有人能听到。

有那么一会儿，我的思绪飘到了蒙蒂身上。他自杀了。他一定感到非常孤独，怏怏不快，他可悲地以唯一可能的代价战胜了他在尘世的生活，那便是他的死亡。他为了赢而输。他每天醒来，面对的都是噩梦。声音、痛苦、折磨和瘾癖折磨着他的身心。自杀是蒙蒂认为他能控制的唯一的事。

弗洛伊德认为，我们生来就有死亡本能，“所有生命的目标都是死亡”。这一理论在当时的精神分析学家中引起了巨大的争议，即便在今天也仍是一个热烈讨论的话题。正如弗洛伊德所说，所有的人类行为都是由强烈欲望和本能驱动的，而这并不是我作为心理治疗师在工作中使用的方法。现今的治疗不太关注死亡和毁灭的内在强烈欲望——弗洛伊德的死亡本能在现代心理治疗中消失了——转而关注当自杀情绪占据主导地位时依恋的灾难性失败。

在去度假前，我鼓励贝弗莉融入她的关怀圈，并把我的电子邮箱给了她，让她有需要就联系我。这个序曲有时足以让病人在特别脆弱的治疗时期感觉自己被别人放在心上。*谢谢你，你这么做对我意义重大*，贝弗莉说。

贝弗莉也决定去度假，那就是在她的花园里工作。

她把手伸进一桶桶的泥土里。她喜欢这种实实在在的感觉。泥土给了她一个活在当下的机会，不至总是深陷记忆或对未来的

1 出自《哈姆莱特》第三幕第二场第199行。——译者注

恐惧中，太阳投下的暖意温暖了她破碎的心。她把手掌更深地插进泥土里，手腕消失了，手指伸展开。她试图让自己沉浸在花园中，锯、挖、栽、剪。完美的草坪上长着如织锦一般的紫罗兰。有一天，她在幻觉中乘着天鹅绒般的紫罗兰魔毯来到了一个不再存在死亡的地方，那里只有生命的涅槃。蒙蒂在荡秋千。

她俯下身，闻一闻花园里的朵朵繁花，剪下肉质茎，把它们插进花瓶，点缀家里的各个房间。精致的花瓣美不胜收，击退了悲观的念头。

她也种植多年生植物。这给了她希望，让她在一定程度上确信生命、色彩和生长将在明年春天恢复。她用木托盘做了一个堆肥箱，做好后便把大量折断的树枝、湿透的叶子、旧土、剪下来的草和不想要的生食扔进去，一番折腾下来，她只觉得精力充沛。多年来，她一直在扔这些垃圾，但现在这样做，则让她焕发出了新的活力。见到这些棕色的东西最终会得到好结果，她心生感激。自蒙蒂死后，她的身体基本上没有变化，现在却开始疼痛，于是她用温暖香浴来缓解这疼痛。她很喜欢费力地爬楼梯去洗手间，让肌肉劳累过度。她很高兴，除了内疚和悲伤，她还能有别的感受。她的手臂、背部和大腿都在抽痛。*我的身体正在苏醒*，她心想。

贝弗莉喜欢在花园里劳作，这就像在进行非药物治疗。药物减慢了她的速度，她整个人昏昏沉沉，身体发福，笼罩在一层模糊而遥远的感觉中，远离了痛苦和绝望。她想知道现在是否应该减少药量，因为她正在进行谈话治疗。*悲伤是需要感受的*，她一边洗热水澡，一边大声重复。

在温暖的夜晚，她回到花园，采集一大把品红色的金鱼草，这是蒙蒂小时候最喜欢的花。她想象他在老枫树下用拇指和食指捏着小花。**啪**，**啪**，她在整理和修剪的时候仿佛能听到他的歌声。她从茎上摘下一朵品红色的小花。**啪**，**啪**，她说，眼泪掉了下来。

悲伤是需要感受的。

作为人类，从悲伤中成长是我们治愈痛苦的众多有力方式之一。多年来，那些患有精神疾病和悲伤的人一直在书写大自然的抚慰。打理花花草草，所带来的一份珍贵礼物是它能让人对事件进行思考，让时间变得圣洁。它使打理花草的人立足于当下，既意识到季节的交替，又不受过去、现在和未来的思想和感情的影响。诗人罗斯·盖伊写道："园丁在另一个时间里挖掘，没有过去和未来，没有开始和结束。当你走进花园时，就进入了这个时间，而进入的那一刻则永远不会被记住。你周围的景色变了样。这是祷告都得不来的福泽。"

弗吉尼亚·伍尔夫[1]也在花园中找到了庇护，她写道："我发现人们互相伤害，眼见一个我认识的男人自杀，这种痛苦超出了我的忍受范围。恐怖的感觉使我无力。但周围花团锦簇，我找到了一个理由，因此能够处理这种感觉。我并非无能为力。"

这让我想起了在肯特郡碎石滩海滨的邓杰内斯参观电影导演

1 英国女作家。——译者注

德里克·贾曼家花园的情景。我当时是一名实习心理治疗师，也是一名园艺爱好者，我坐在那里看着“展望小舍”，许多小圈的燧石如同关怀圈一般，保护着那些芬芳的野花。艾滋如瘟疫般蔓延，一个接一个地摧毁了他的朋友，贾曼痛失亲人。每一次，他都把自己置身于大地、泥土、蓓蕾和花朵组成的喧闹生活中。

每天打理完花园，贝弗莉都盯着一个旧纸板箱里的许多日记看，问自己能否鼓起勇气取出翻看。她盘子里的意大利肉酱面慢慢地变成了精致的汤、鱼派、五颜六色的沙拉和从菜园里摘来的脆爽蔬菜。她享受着嘴里清新的泥土芬芳，她的味蕾不再对营养食物无动于衷，这让她松了一口气。濒临死亡的花朵会被插在小心放置的花瓶里，这样就可多活一段时间，慢慢地变干枯萎。她告诉自己，花瓣、茎和叶子里还蕴藏着生命，还能再活几天。等到她把枯死的花从容器中取出，她注意到自己从容地接受了它们的结局。夜幕降临，她把日记推到远处，眼泪滴滴坠落。她想象着多年来，蒙蒂无力的手写下的那些忏悔、疑惑、庆祝和秘密。悲伤是需要感受的。

假期结束后，在我们即将见面的前一天晚上，贝弗莉决定给自己倒一大杯酒，并拿出了蒙蒂的日记：

11岁：我假装自己是一架飞机。速度很快。我飞得很高，向每一个在草地上看起来像蚂蚁的人挥手。这让我很开心。克雷格·毕晓普是一架直升机。他追不上我。

13岁：爸爸又忘了我的生日。他又没有别的孩子要照顾。白痴。

15岁：如果我能成为别人，我想当詹姆斯·迪恩[1]。太酷了。谁想变老呢？

18岁：妈妈选择了迈克。母亲给你的伤害是最深的。我明天就要搬出去了。

19岁：我，当爸爸？我恨珍妮没告诉我。她怎么能杀了我们的孩子？我们本可以成为好父母。不过我仍然爱她……

22岁：工作就是垃圾。生活就是狗屎。有什么意义？

25岁：药物似乎起作用了。它们有助于阻止各种声音，淹没了一切。大K欠我钱。我欠C钱。全搞砸了。

最后：

26岁：很多人关心我，只是不够。妈妈爱我。妈妈的爱是我永远无法企及的。

外面，春天来了，她甚至没有注意到。贝弗莉低头盯着自己的身体，几乎认不出自己发福的身形。假期让她有时间锻炼肌肉，好好吃饭。今天她要吃溏心蛋配小面包“战士”。她会把每一块面包都蘸到鲜亮的蛋黄里，慢慢品尝、咀嚼，让肚子感到满足。

知道蒙蒂感觉到了爱，于她而言，就像肺里充满了空气。早晨温暖的阳光来了。她洗了个澡，在粗糙的手上涂上护手霜，把梳子别在头发上。一缕缕晨光灿烂无比，照得她的眼睛隐隐作痛。

1 美国男演员，24岁时死于车祸。——译者注

✦

中午时分。假期后的第一次治疗。

我感到精神焕发，休息好了，准备好重新开始工作了。贝弗莉准时到了。我注意到她的衣服很漂亮。她的脸晒得黝黑，头发用玳瑁梳别得很整齐。脸颊和嘴巴都涂着精致的粉红色。

治疗丧亲之痛，就像看顾和照料在破碎且摇摇欲坠的窗台上生长的种子，阳光会慢慢地投射出希望。作为一名治疗师，我致力于让患者抱有希望，因为他们自己无法看到或感受到希望。贝弗莉的希望一直满是荆棘。希望把自己关起来，分派出评判、愤怒、无力、强烈的内疚、羞耻和孤立。它试图掩盖隐藏在巨大损失之下的东西，而这也是可以理解的。

你好吗，贝弗莉？我问。

我好吗？贝弗莉问。她停顿了一下。我是有过一些黑暗的日子，但我现在并不害怕早上醒来。我又开始吃饭了。

她又停顿了一下。

你假期过得怎么样？她问。你气色不错。那种颜色适合你。她指着我的珊瑚色丝绸衬衫。

休息得不错。我很开心，谢谢你，我笑着说。

我意识到，这是治疗十个月以来贝弗莉第一次问我一个与蒙蒂无关的问题。通常，当人们可以看到和注意到另一个人，允许这个人参与一些话题，从而暂时忘记心中哀悼的人，就有可能实现温和的治愈。在这个时刻，承受丧亲之痛的人可以把自己的视线越过损失，看到其他人。这是一个充满希望的迹象，我心想。

你的花园怎么样了？我问。

非常漂亮，她说，棕色的眼睛里立刻盈满了泪水。我不知道没有它我该怎么办。看着万物生长，让我保持清醒，让我可以活着。她把目光移开，用纸巾擦了擦眼泪。

你的花园听起来很有治愈作用，我补充道。

是的。但我担心我永远都不想离开花园。一想到外出、与人交谈、重返工作岗位，我就恐惧不安。

详细讲讲，我鼓励道。

我担心人们会评判我，贝弗莉说。他们会把蒙蒂的自杀归罪于我。我是个什么样的母亲，竟然让我唯一的孩子病得这么重？

话题又回到了贝弗莉认为自己是个糟糕的母亲上。

我想知道惩罚自己是否比沉浸在悲伤中更容易控制，我说。

我一直在努力摆脱指责。

也许你的愤怒可以保护你，我说。

怎么保护？

如果你不愤怒，会有什么感情取代它？我问。

贝弗莉用湿润的眼睛看着我。绝对的折磨，深刻的痛苦。我的身体再也受不了了，她说，她的每一个字都带着尖锐的痛苦。

我明白。作为蒙蒂的母亲，你可能觉得对他负有完全的责任，你应该知道所有的答案，所有的治疗方法。但重要的是要承认他是一个独立的人，一个有挣扎、痛苦和选择的成年人。是种种事件、生活和他的环境导致了他悲惨的死亡，我说。

我终于读了他的一些日记，贝弗莉说着，伸手去拿她的包。她拿出两本。黄色的便利贴从所标记的书页上露出来。可以读给你听吗？她问。

当然可以。

贝弗莉读着蒙蒂的日记。记录从他十几岁开始，一直到他自杀那天为止。日记给她带来了些许安慰。在他的字里行间，她对蒙蒂无条件的爱通通体现了出来。贝弗莉从容地读了，然后看着我等我回答。于是我开口了。蒙蒂知道你有多爱他，我轻声说。无论是小时候还是长大后，他都深知这一点。我很高兴你能读到他的日记并知道这一点，能接受并理解。他感受到了你的爱，贝弗莉。这么长时间以来，你一直在让自己振作，忍受着难以忍受的痛苦。但你现在找到了不同的方式来消化你的悲伤。我希望这能让你不那么痛苦，不再因为自己是蒙蒂的母亲这个身份而深深自责。你足够好了，我说。

一时间沉默无声。

我爱你，玛克辛。

爱，是珍贵的东西，我说。

✦

在贝弗莉还是个孩子的时候，顶多五六岁年纪，她会用小童车推着一个塑料婴儿到处转，它是她最喜欢的玩具，名叫彼得。彼得与贝弗莉形影不离。她喜欢给彼得换衣服，那些衣服不是她母亲亲手做的，就是从各种慈善商店买来的。她最喜欢的衣服是一件柠檬色的婴儿连身服，搭配一顶摸起来很柔软的针织帽子。她喜欢摇它，喂它，吃饭时也把它放在身边。彼得在哪儿？她的母亲问，好像它是家庭的一员。彼得把他盘子里的东西都吃完了吗？

到了生日和圣诞节，她会收到兔子、大象之类的新毛绒玩具，但它们从来不讨她欢心，当然也不会被放进彼得的童车里。有一年夏天，彼得在泳池不知所终。贝弗莉歇斯底里地尖叫起来，她母亲也一样。贝弗莉的父亲四处寻找，并试图让妻子和女儿平静下来。尽管如此，依然到处都找不到彼得，回到家，兔子或大象都不能抚慰贝弗莉破碎的心。那个星期晚些时候，彼得的童车里放了一小束野花。贝弗莉的父亲不知道放花人是妻子还是女儿。

直到贝弗莉 13 岁时，她才发现自己原本是一对双胞胎。她的哥哥出生时就死了。他死于包括大脑缺氧在内的并发症。突然间，她小时候无法理解的感觉，比如深深的孤独，与其他孩子的脱节，不断地寻找她无法理解的东西或人，都说得通了。当然，她母亲也失去了儿子。她把彼得带进了家庭，让他和家里人每天一起吃饭、参加活动和家庭出游，这可能是她应对丧子之痛的方式。看贝弗莉和彼得在一起玩，能抚慰她那没有言说的伤悲吗？

似乎小时候的损失为未来的所有损失都设定了蓝图，贝弗莉说。在这个时候，她回答了她自己几个月前提出的问题：男人总是离开我，这是为什么？我提出了可能性，还提出了一个问题：她是否可以摆脱被人抛弃的处境，好好地活下去？

直到现在，我才真正理解“幸存者罪恶感”的含义。

✦

到这个时候，治疗已经快满一年。正午时分，贝弗莉脱下贝雷帽，整理好裙子，舒服地坐下。她沉默了几分钟。我需要谈谈我今天想做的一件事，以及随之而来的内疚感，她说。

说吧，我温柔地鼓励。

贝弗莉清了清嗓子。

我想跟妈妈谈谈我们失去儿子的事。她闭上眼睛，举起双手。我重新说，她道。我想和妈妈谈谈她的孩子，我的双胞胎哥哥夭折的事。我也想谈谈蒙蒂的自杀。

我往后靠在椅子上，对贝弗莉的清醒感到尊敬和钦佩。当她说出自己的损失时，声音里充满了勇气。

我想跟西奥和迈克好好谈谈。我早该这么做了。

很好，我说。

我意识到我和妈妈从来没有谈论过彼得，她说。

彼得？我说。你最喜欢的玩具？

是的，但我想我们都知道彼得是我的哥哥，不是吗？贝弗莉喝了一小口水。开诚布公地谈谈我们都失去了什么，是件好事。妈妈还有我，但我什么人都没有了。我是一个母亲，却没有孩子让我爱了。

很高兴听到你重拾母亲的身份，我说。不知道你还记不记得，刚开始治疗的时候，你说你觉得蒙蒂死后你不再是母亲了。

我记得很清楚。我仍然是一个母亲，而且足够好，她笑着说，尽管蒙蒂已经死了，尽管我没有孙子孙女。我一直在考虑等我恢复体力后，就和当地议会一起开展一个社区发展项目。也许是和年轻人一起合作。在那里他们可以学习种植水果、蔬菜、花卉。园艺一直对我很有帮助。

这主意听起来不错，我说。非常治愈，能叫人成长。这倒是很像治疗师的责任，我心想。

我不知道我是否应该提到内疚，这是贝弗莉来时想谈的两件事之一。但似乎渴望已经成了今天治疗的主题。我会等到下一次，下一个机会。

贝弗莉给她的母亲、迈克和西奥留了言。她要求他们有空时给她回电话，她还确保自己的声音平静而稳定。这样她就知道他们给她打电话，不会是因为关心或怜悯。她想越过他们的仁慈，来到一个她可以坦诚以待的地方。虽混乱，却也真实，并且能够说出她的心里话。她想知道，在适应能力、韧性和治愈能力方面，还需要什么。她记得曾经在某个地方读到过这样一句话：作为人类，我们大多能适应周围的环境、自身的处境和生活。那些适应环境的人最终会生存下来，并茁壮成长。

接下来的一周，我们提到了内疚的问题，并对其进行了重新审视。

你觉得我做得怎么样？贝弗莉问道。

那些心怀悲伤的人向治疗师询问，他们比其他经历了重大损失的病人做得更好还是更差，这并不罕见。大多数情况下，患者认为自己更糟，因为他们感到的悲伤和痛苦无不深入骨髓。

你足够好了，我回答。你觉得自己做得怎么样?

我的生活恢复正常了，我却很内疚，贝弗莉说。我的思绪若是游离到了蒙蒂以外的地方，就好像我在某种程度上背叛了他。我心里的悲伤向他表明我有多想念他。我永远也忘不了他，一刻也忘不了。

我建议贝弗莉对自己多一些同情，用更自然的方式来回忆蒙蒂，而不是在思绪游离时惩罚自己。越是想找一个人，就越是找不到。我想，如果贝弗莉不再那么努力地寻找，这些碎片就会组合成一段关于蒙蒂的完整记忆画面，清晰而丰富。

我记得有一次我想撞车而死，她说。

我记得我说过要找到其他方式来表达悲伤，我回答说。

确实是。

在她说话的时候，我意识到她必须无比坚强，才能忍受如此深刻的痛苦。

海报和传单都被发放到了当地的学校:

你喜欢园艺吗?想要回馈社区，想要结识新朋友，想要保持身心活跃吗?我们正在招募志愿者来帮助改造绿地……

令贝弗莉吃惊的是，有几十个年轻人报名参加她的社区种植项目。她还与母亲详谈了小彼得的事。她们都承认自己失去了儿子，两位母亲都沉浸在悲伤中。

她们谈论了难以忍受的痛苦，不同却又相同。蒙蒂有自己的生活，虽然很短暂，但他至少和我们相伴度过了数年，不像我的哥哥，你的儿子，贝弗莉说。我很抱歉，妈妈。

她的母亲哭了，她们的手握在了一起。两个女人都没有说话，因为她们的身体在试图调节失去儿子的重大损失。最后，贝弗莉放开手，在覆盖着小腿的牛仔裤上擦拭她潮湿的手掌，她的身体蜷成一团，痛苦不堪。我们要怎么熬过去呢，妈妈？她问。

我觉得是熬不过去的。怎么可能熬过去？她母亲说。他们是我们的孩子。

贝弗莉伸手去抓母亲的身体，紧紧地贴在她身上，紧紧地抱着她。她们的身体轻轻地摇晃着，发出犹如小小母狮般的声音。没有什么能打扰这一刻的深切痛苦和对彼此的深刻认识。她们的身体摇晃着，好像在抱着他们失去的儿子，他们的婴儿。如同在举行葬礼，送走她们如母狮般的心。

他们是兄弟，相差两岁，长得真是一模一样。就叫他们马克和马修吧。

贝弗莉发现自己深受这两个男孩的吸引，他们都有一头乱蓬蓬的头发和花岗岩般的眼睛，嘴角挂着浅浅的微笑。她怀疑，他们之所以不敢大笑，是因为害怕这样会显得太脆弱或太愚蠢。他们是骄傲的男孩，外表坚硬，内心却可能极为柔软。他们的耐克乔丹鞋磨损不堪，鞋带用透明胶带粘在一起。两个男孩都住在社区种植项目后面的庄园里。贝弗莉喜欢他们叫她小姐，这让她觉得自己更年轻，更有趣，更有价值。偶尔，在下午的工作结束后，她会拿用防油纸包裹的火腿三明治和剩下的奶酪通心粉给马克和马修吃。男孩们狼吞虎咽地吃着碳水化合物，用手背擦着嘴。可以看到他们的指甲都被咬过。贝弗莉很高兴看到他们有这样好的胃口，干点活，给他们点东西，就能满足他们。她喜欢他们细心照料疲惫的蜜蜂和四处游荡的瓢虫，用捧成杯状的双手捧起这些小伙伴，轻轻地放到长长的草丛和茂密的树篱中。但最重要的是，她喜欢他们笑的样子。

贝弗莉还做了一个切花床。她在里面种了大丽花、毛茛、甜豆、玫瑰和洋地黄。有时，她剪玫瑰茎剪得太早，只剩下紧紧团在一起的粉红色花蕾，娇嫩，尚未完全长成，先截短，再等待精致的褶边盛放。她把玫瑰放在冷水中，延长它们存活的时间。她默默地希望给其中一朵玫瑰起名叫蒙蒂。

她怀疑马克和马修之所以选择这个项目而不是社区服务，是因为他们认为这做起来比较容易，也不那么丢人。两个男孩承认，清理和清扫别人的垃圾不适合我们。但贝弗莉并不介意。她喜欢他们每周两次在放学后和周末准时到达。他们三个人坐在枕木上，准备钻孔和敲敲打打，制作植栽床种蔬菜，古老的树木在头顶上沙沙作响。他们谈论女孩、学校和音乐。偶尔，他们会说起自己偷了东西，却非常希望自己没那么做。但他们的谈话主要围绕着女孩们。马克知道哥哥爱上了一个叫维奥莱塔的女孩。她又时髦又漂亮，你高攀不起，兄弟，他说。马修表示同意。

小姐，你有孩子吗？

我曾经有过一个。

曾经?

我儿子去年自杀了。

太糟糕了，马克说，我很遗憾。

我也很遗憾，贝弗莉说。

贝弗莉准备开辟一块菜地，便叫他们来帮忙。她递给他们手套、连体工作服和铁锹。我希望你们把那里的整个区域都挖一遍，她指着说。我们要在这里种土豆、番茄和青豆。现在干起来吧。

你有点爱支使人，小姐? 马克说。

孩子自杀，可能是治疗师和患者敢于承担的最令人心碎、要求最高、最痛苦的治疗过程之一。为了临床工作，治疗师必须运用各种所学到的经验，无论是亲身感受还是学术上的经验，从而进行临床治疗，而所治疗的病人在目睹了亲人以惨烈的方式离世后，他们自己还要活下去。如果病人有足够的勇气、力量、敏感和韧性来完成这项任务，那必然会经受无情的考验。治疗师和患者都承诺参与到最痛苦的损失中来。治疗师握着病人的心、思想和脊梁，在一个充满试探的缓慢过程中，让有时很不情愿的病人从丧子之痛中恢复过来。自杀有牙齿，它向爱发出愤怒的咆哮和嘶吼。这是绝望，是残忍。它直击要害。有人告诉我，对一些人而言，这影响是长远的，对另一些人来说却是一种安慰。

一些有自杀念头的病人表示，自杀与否至少是在他们的掌控中，这无异于为了赢而输。他们感到失落，失去了希望和亲人。一位病人这样说，她渴望生活的另一面，唯其如此，才能活下去。

自杀给那些幸存下来的人蒙上了阴影，让他们经历失去孩子的痛苦。幸存者的内疚感影响强大，要实现发展和治愈，真可谓难如登天。在自杀这种最严重的自我毁灭所留下的残骸中，谁也不知道会不会出现枯木逢春的情况。它的黑暗在方方面面都在与爱对抗，试图摧毁希望、信仰和任何形式的联系。我听过有人指责自杀的人缺乏勇气、自私、以自我为中心，是受害者，却也很自恋。但是，多年来，作为一名治疗师和撒玛利亚会的会员，当我听有自杀意图的人说话时，我面对的只是一种具有穿透性、有时是看不见的深刻痛苦，诉说着孤独和有关存在的脱节。他们对世界有着强烈的敏感，触摸他们皮肤的感觉就像在触摸冰和火。噪声、人与人之间的接触和自然都是侵入性的，有时很可怕，完全无法抗拒。从一个人醒来的那一刻起，直到他休息，那些声音都在告诉他要结束这一切，痛苦永远不会结束，永远不会。除非你死了。

必须避免对那些想自杀的人持有残忍、轻蔑和轻率的刻板印象，如此一来，绝望的状态才不会长时间存在。当一个人指责自杀者懦弱或自私，其实是在向一个已经绝望和沮丧的人传递一个信息，那就是他们很软弱，一点价值也没有。他们说，那些有自杀念头的人没有半点价值。说这样的话，只会强化他们脑海中已经存在、希望他们结束生命的声音。

想自杀不是自私，这是人之常情，对人而言是一种痛苦的折磨。如果有人对你说了相反的话，那千万不要听，一定要走开。这样的残忍之言不该与人类共存。

✦

下周是蒙蒂去世一周年的忌日。现在种植金鱼草已经太晚了，于是贝弗莉买了一棵樱花树，并挖了一个洞。她给光秃秃的树根浇水，放入洞里，用土把根部盖上，再用靴子的后跟把土踩实。她用桩支撑树干，再浇些水。在铜标签上做上标记，并写明日期，确保樱花树平平整整，透着骄傲。然后她把他的小黄兔子埋了。

就这样了，蒙蒂－穆，她说。我想你可能会喜欢这里的景色……我会想念你，全心全意。

我们想要的是……

我想紧紧地抱着你，吻你的嘴……

——特莉

我想让家人看到我……

——凯蒂

我要我的身体痊愈……

——露丝

我想要个孩子……

——玛丽安娜

我想做点不一样的事……

——缇娅

我想和我爱的男人一起生活……

——阿加莎

我想要今天……

——贝弗莉

我想要去渴望我自己的道路……

——玛克辛

结语

对女性来说，互相扶持的需要和渴望并非病态，而是一种救赎，
有了这样的认识，我们真正的力量将得到重新发现。
正是这种真实的联系，让父权世界如此恐惧。

——奥德丽·洛德《大师的工具永远不会拆除大师的房子》（1979 年）

轮到我了……

2021 年 12 月

我在另一家餐馆找到了自我。这次没有鱼缸。

40 年后，我依然敏感，倒是没有敏感到活不下去，但我的敏感依然平和而热烈。

我们点了菜，小白菜，莲藕，蚝油西蓝花。这时，一个叫我们震惊的消息突然而至。我看着哥哥忍住眼泪，稳住呼吸。他告诉我他想大喊大叫、打架、逃跑，想离开。我回答说，心有渴望，并不是坏事。

听到父亲去世的消息，我无法平静下来，我的嘴唇和心都在颤抖，直到抓住哥哥的手。片刻之前，身为父母长子长女的我们刚刚得知父亲在六个月前去世了。

你们的爸爸去世了，我感到非常遗憾，餐馆老板过来给我们点菜时说。她的话一说完，我就看到她的脸色变了。她的眼睛里有一丝慌乱，额头上出现了皱纹。如果她能把哀悼之情强压回喉咙里，我相信她一定会那么做的。但是，说出去的话是不能收回的，已经知道的事不能装作不知。随着死亡的降临，随之而来的是一种残酷而深刻的确定性。损失已成既定事实。

餐馆老板把目光转向南方，她的呼吸变得困难起来。你们不知道？

不知道，我回答，无法使心中的万千思绪平静下来，整个人像是被连根拔起了。

食物送来了，父亲的形象出现在我的脑海里，就像一个醒目的蒙太奇画面，一个不可触碰的梦。我把他的影像和我的盘子一起推到一边，转而重新想起我最初的故事。巨大的家用鱼缸再次浮现出来。只是这一次，我想要一个不同的结局，我的规则。我想要去渴望我自己的道路，不是别人命令我走的路，不要别人的支配或否定。这次我的渴望由我做主，我的地盘，由我确定。

我拒绝了父亲的手，独自向鱼缸走去。我让鱼翻筋斗、旋转和滑动。请不要躲在后面。我们不再逆水上游，而是与水为伴，为水而游。我向父亲和他狡猾的服务员老朋友发起挑战，破坏了他们羞辱我的企图。两个人都俯下身来，窃笑着，但我并没有被他们的仇恨或恐惧挫败。恐惧不再让我手足无措，取而代之的是渴望：激情、忠诚、着迷、肉欲。我收回了我的身体，我强壮的身体崛起了。从客体到主体，从女孩到女人，从躲藏到寻找。我还想要一套不同于他那天命令我穿的衣服。我要卡路里高但很美味的食物。我不在乎会不会发胖，也不在乎自己是否贪婪。况且，贪婪只源于遭到了剥夺。我为我的母亲，我的兄弟和我自己也点了这样的食物。我们像国王和王后一样大吃大喝。

最后，是的，我很敏感。这是赞美，我确实敏感。谢谢你，爸爸，把这个词放在我的鼻子底下，让我能闻到它是如此甜蜜，叫人愉悦不已。正是这种敏感激发并点燃了我的渴望。它生长膨胀，直到我因胜利而哭泣，收获甜蜜的解脱。我内心的渴望充满了创造力。我要去渴望**我自己的**道路。

我意识到我所写的东西是为了我自己，也是为了我的病人，而争取**我想要**的东西才是我们的目标所在。现在，一个新的声音在我的写作和我作为心理治疗师的工作中出现了。它更清晰，毫无歉意，有责任心，愿意做出倡导。在这段时间里，我一直在向“解脱”游去，对《女人想要什么》一书中提到的渴望有了更深刻的理解，而且这种理解还在持续加深。我们一起踏上旅程，互相陪伴，也为了彼此而努力。我们知道自己想要什么，并会得到它。彼时的生活，将变得丰富多彩，富有创造力，充满了力量。

呼吸吧。

随着我们的成长，生活中的挑战也在增加。20出头时，我作为一个病人开始了治疗之路，我躺在沙发上，不知道自己的渴望会变成什么样子，或者是否能够形成。到了30多岁，我开始接受心理治疗师培训，希望能与其他有需要的人建立联系，这些人心怀渴望，也认为自己敏感、迷失或奇怪，受了很大的伤害。现在，作为一名从业15年的心理治疗师，我相信治疗的艺术是一项事业，独特，令人惊叹，亦很美好。作为治疗师，我不由自主地被我的病人改变和深深感动。与他人一起成长和改变是一种巨大的特权。也许病人认为他们只是临床观察的对象，治疗师只是在从事一份工作，对治疗师的个人和情感影响很小，但事实并非如此。我的病人给我带来了深刻的影响。

在写作《女人想要什么》之初，家族的影响便出现在了我的脑海里。我的母亲是白人，属于劳动阶层，父亲是华裔，很有父权作风，作为他们的女儿，我见证了一种特殊的压迫混合物，同时也深受其害。如果说渴望是我的引擎，那么好奇心就是踏板和加速器。任何专制的“应该”和“必须”都和刹车差不多。通常，在思考或谈论渴望之际，我们相信，心怀渴望是一种孤立的经历，但总是有暗流、起源故事、经历、流言蜚语和纽带存在，它们从我们的祖先[1]那里传下来，无论好坏，都对我们产生影响。**我想要的，却偏偏得不到**，我母亲是这样，她的母亲，她母亲的母亲，亦复如是。要想满足我自己的渴望，就需要理解和治愈她们。这些故事一直扎根于我们心里，不管我们跑得多快多辛苦。我既是病人，也是治疗师，在理解和尊重我的家族影响时，我已经能够承担必要的风险，去表现自己的真实一面，面对自己的渴望。

也许不用多说，困难并没有彻底消失。只要语言被允许过度简化情感，它就仍然是父权的。如果我们要尊重自身的欲望，赋予我们的情爱能量以力量，我们就必须保持对话。我希望《女人想要什么》已经表明，心理治疗师和病人之间的合作，在很大程度上是两个人因他们的联系而改变的种种时刻。每一种治疗关系都是一种非凡的特权，两个人试图以一种大胆而亲密的方式忍受困惑、挣扎、悲伤，有时甚至是心理上的胜利。

本书里的女人有一些共同点。出于好奇心，她们开始探索和

1　原文为“our foremothers and fathers”。——编者注

谈论各自想要和渴望的东西。特莉、凯蒂、露丝、玛丽安娜、缇娅、阿加莎和贝弗莉的故事和生活没有明确的结论，她们的斗争没有导向简单的胜利，但她们的生活再也不会因此而黯然失色。我试图表明，心理治疗鼓励人们更清晰地思考，打开理解和询问的大门，这可能在治疗结束后很长一段时间内对人们仍具有持久的价值。对特莉来说，这是她对性向的重新发掘。凯蒂很小就被送到了寄宿学校，她渴望家人能真正看到她。露丝最渴望自己的身体能得到治愈，不再感到愤怒和恐惧。对玛丽安娜来说，她渴望体验身为母亲的无条件的爱，这种爱无与伦比，哪怕没有男人，她也有勇气为了实现自己的渴望而独自坚持下去。对缇娅来说，她渴望过上一种生活，让自己暂停，在体内拥有一个家。阿加莎想要和她唯一爱过的男人共度晚年，这个男人以她做梦都不敢想的方式触动了她。最后，对贝弗莉来说，在她唯一的儿子自杀后，她最想要的是有价值的生活。

《女人想要什么》的灵感来自一些了不起的女性，因为工作的缘故，我听过她们的倾诉，与她们有过交谈，除了她们，还有那些我尚未遇到的女性。你们既温柔又激烈，既勇敢又坚定，是我日复一日生活中的女主角。谢谢，我还在学习。

让我们互相支持，不再害怕跨越渴望的门槛，因为我们需要彼此来维持实现内心渴望的动力。当我们感到疲倦，怀疑自己是否有能力成长和改变时，我们也需要相互依偎。我们需要所有的爱、决心、韧性和敏感来尊重我们内心强大而美丽的渴望。我们对彼此的承诺万岁，我们的渴望、力量、爱和成长万岁。万岁，愿我们作为心怀渴望的女人，继续我们的旅程，愿我们敞开心扉，勇敢地说：

这就是我们想要的……

感谢

首先要感谢本书中的七位女性，她们以宽广、开放的胸怀和奉献精神，允许她们的故事出版。即便有人怀疑两个女人在一个小房间里探讨女性的普遍需求是否值得，那也不要害怕，你们都是这个问题的答案。能和你们每一位交谈是我的荣幸，愿你们的探究可以继续下去。谢谢你们：特莉，凯蒂，露丝，玛丽安娜，缇娅，阿加莎和贝弗莉。我还在学习。

这本书的起源是我和我热情洋溢的经纪人尤金妮·弗尼斯的一次对话，她热情谦和，是《女人想要什么》一书的支持者，她真心实意地相信，关于渴望的对话将骄傲地出现在那些对渴望、力量、爱和成长感到好奇的人的书架上。我很感激威尼西亚·巴特菲尔德，她读了本书的最初几页便有所感受，为了我的想法甘冒其险，相信女人（也包括我）会在哈钦森·海涅曼出版社的读物中找到归属感和家的感觉。我的编辑安娜·阿格尼奥令我敬畏，她出色的编辑工作和明智的指导让我赞叹，也让我感到高兴，使《女人想要什么》成为一部优秀的合作作品。安娜，谢谢你鼓励我大着胆子，成长为一个作家。赞美我们的设计团队，当我看到整洁漂亮的书籍封套时，我不禁潸然泪下，还要感谢文字编辑和事实核查员。此外，我要感谢企鹅兰登书屋所有让这本书成功出版的工作人员。

还要感谢所司·阿舍里，邀请我开放自己的“自然保护区”，欢迎我的“左右兼顾”，并鼓励我跨过门槛。和你在一起，让我获益匪浅。还要感谢琳妮·莱顿医生的临床指导和内容丰富的对话，让我知道该如何发展和培养对公民生活的热情，让我在咨询室中将其与工作和爱并列。

我也爱我的家人、朋友。你们是我最纯粹的快乐。德克斯特、科斯蒂、托尼、夏洛特、马丁、马克、奇奇、安西娅、卡兹、格雷格、克里斯汀、T 先生：我爱你们所有人。

和开始时一样，在本书结束之际，我要感谢我们书中的七位女性，她们清醒，有力量，不断成长。她们想要并渴望以自己的方式生活，这始终是一件美丽而有时又很可怕的事。感谢你们邀请我倾听、学习和成长。你们的勇气和脆弱，承诺和渴望，胜利和好奇心都堪称非同凡响。我亦有所改变。